科普图鉴系列

宇　宙

青少年科普编委会◎主编

吉林科学技术出版社

图书在版编目（CIP）数据

宇宙 / 青少年科普编委会主编 . -- 长春 ： 吉林科学技术出版社， 2025. 1. -- （科普图鉴系列）. -- ISBN 978-7-5744-1880-6

Ⅰ . P159-49

中国国家版本馆 CIP 数据核字第 2024QX4612 号

宇宙

YUZHOU

主　　编　青少年科普编委会
出 版 人　宛　霞
责任编辑　郭　廓
封面设计　王照远
制　　版　王照远
幅面尺寸　260mm×250mm
开　　本　12
字　　数　165千字
页　　数　144
印　　张　12
印　　数　1～10 000册
版　　次　2025年1月第1版
印　　次　2025年1月第1次印刷

出　　版　吉林科学技术出版社
发　　行　吉林科学技术出版社
地　　址　长春市福祉大路5788号
邮　　编　130118
发行部电话/传真　0431-81629529　81629530　81629531
81629532　81629533　81629534
储运部电话　0431-86059116
编辑部电话　0431-81629520
印　　刷　长春新华印刷集团有限公司

书　　号　ISBN 978-7-5744-1880-6
定　　价　49.00元

目 录

介　绍

提到宇宙，很多人头脑中出现的第一个字眼也许就是“大”。的确如此，宇宙仿佛深不可测、浩瀚无边，我们生活的地球也只不过是其中一个小小的天体，就连银河系也只是宇宙中一个中等大小的星系。那么，宇宙真的是无边无际、无始无终的吗？宇宙到底是什么呢？

什么是宇宙

“宇”通常是指无限的空间，以及其中的所有物质和能量。“宙”通常是指无限的时间，既包含过去，也包含现在和未来。“宇宙”就是二者的总和，它包括所有的空间和时间，以及存在于其中的一切物质和能量。宇宙包含着无数由普通物质构成的流星、彗星、小行星、矮行星、行星、恒星、星团、星云、星系，以及无法计量的暗物质、暗能量等。

关于宇宙的形状，科学家认为这是由其所包含的物质密度，也就是宇宙本身的密度决定的，主要分为三种情况：一是宇宙密度大于临界密度，此时宇宙是封闭状；二是宇宙密度小于临界密度，此时宇宙为马鞍状；三是宇宙密度等于临界密度，此时宇宙为平坦状。根据目前所观测到的结果，科学家发现宇宙的密度与临界密度非常接近，因此他们推测宇宙的形状可能为没有边界的平坦状。

★ 平行宇宙概念图

通过对宇宙的观察和研究，有些科学家提出了“平行宇宙”的概念。平行宇宙又叫多元宇宙，一般是指除了我们所在的这个宇宙外，可能还存在着与之类似但不相同的其他宇宙。目前，平行宇宙还只是一种推论和猜测，未形成科学定论。

★ 浩瀚的宇宙

宇宙的层级

宇宙中的天体形态多样、大小不一，它们在万有引力的作用下，相互吸引，而永不停歇的运动又让它们之间存在相互绕转的关系，这样便形成了一系列多层次的天体系统，这些天体系统构成了宇宙的层级。

以目前人类能观测到的宇宙来说，其最大层级是总星系，它包含了所有的星系。总星系下面又分为银河系和河外星系。银河系是由太阳系和其他大约2000亿个恒星系组成的。太阳系除了包含太阳、流星、彗星、矮行星、小行星、气体、尘埃外，还包括地月系在内的八大行星系。地月系则是由地球及其天然卫星月球组成的。而河外星系指的就是银河系以外的星系。

★ 河外星系之一：仙女星系

★ 总星系

★ 银河系

★ 地月系

探索宇宙

随着科技的发展和进步，人类研制出了各种各样能够高速飞行的航天器，如运载火箭、航天飞机、宇宙飞船、深空探测器、空间站等。借助这些航天器，人们终于离开了地球的大气层，勇敢地向着宇宙深空进发。

虽然人类到达过的天体只有月球，但人类发射的探测器到达的天体很多，包括金星、火星、小行星爱神星、小行星丝川、土星的卫星土卫六、彗星丘留莫夫－格拉西缅科。

科技会不断发展，人类对宇宙的探索永不会止步。

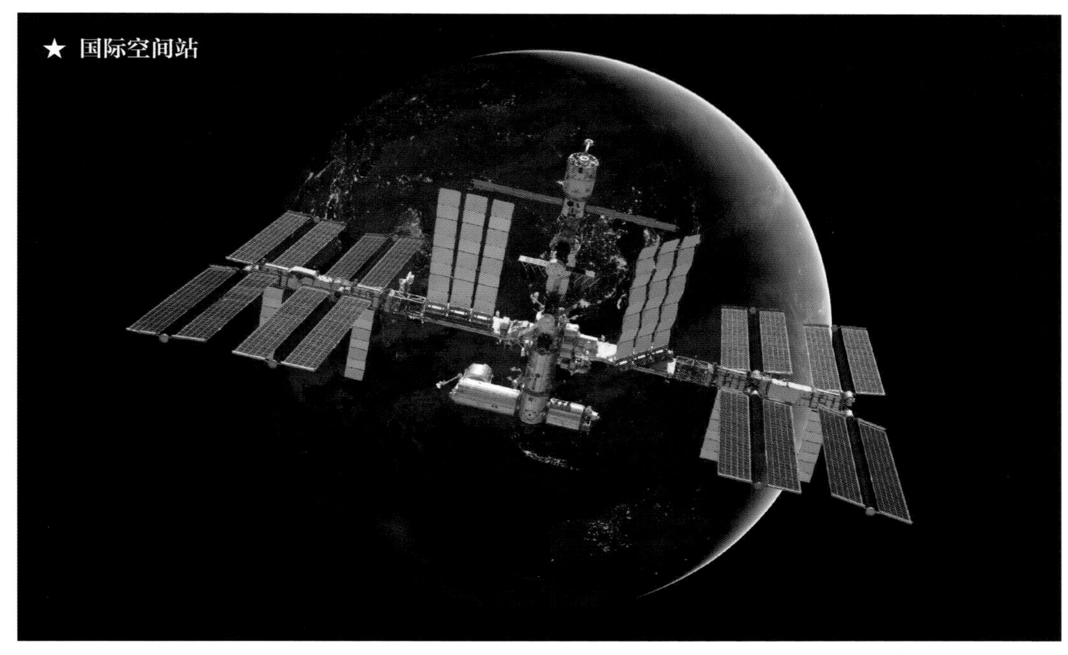

★ 国际空间站

★ 亚特兰蒂斯号航天飞机

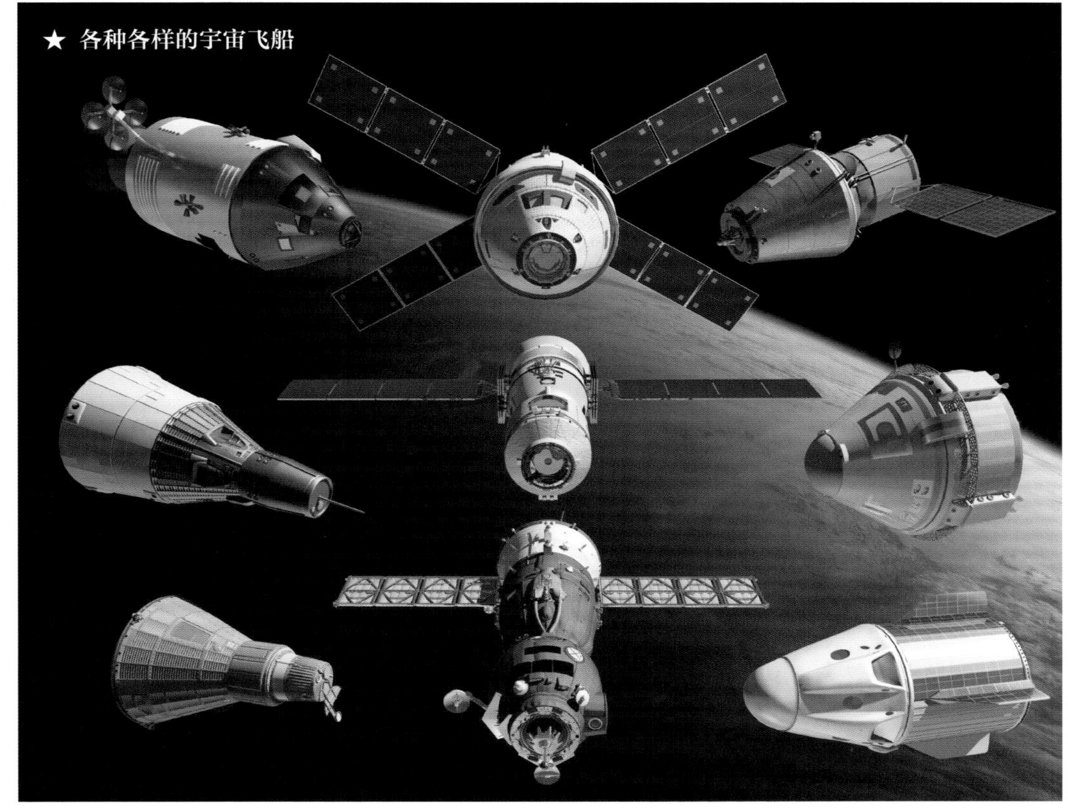

★ 各种各样的宇宙飞船

神秘的宇宙

宇宙的诞生

宇宙的起源和诞生是一个非常复杂的问题，千百年来，古今中外的无数哲学家和科学家都在对其不停地进行思考和探索。直到 20 世纪，科学家才在宇宙观测事实的基础上提出了目前为止最有影响力的一种观点——宇宙大爆炸理论。

根据宇宙大爆炸理论我们可以知道，宇宙是在大约 138 亿年前的一次大爆炸中诞生并逐渐发展而成的。该理论认为，宇宙始于一个温度无限高、密度无限大、体积无限小的点。这个点被称作奇点，它是大爆炸之前宇宙的存在形式。大爆炸发生后，宇宙开始不断膨胀，并经历了从热到冷的一个过程。在这个过程中，大量的能量被释放出来，新的物质也在不断生成，最终演变成了现在这种状态的宇宙。

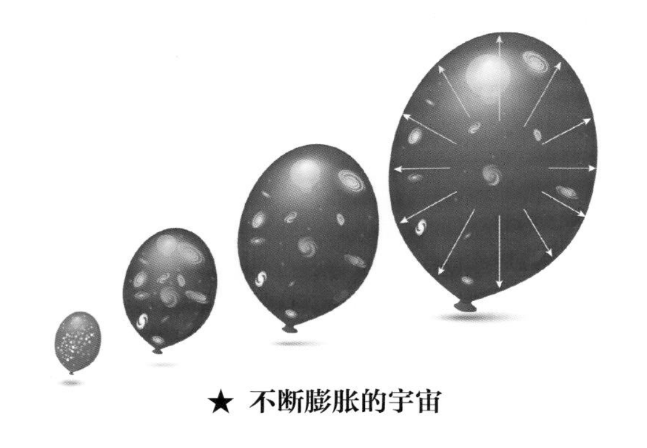

★ 不断膨胀的宇宙

★ 大爆炸

★ 宇宙大爆炸理论模型

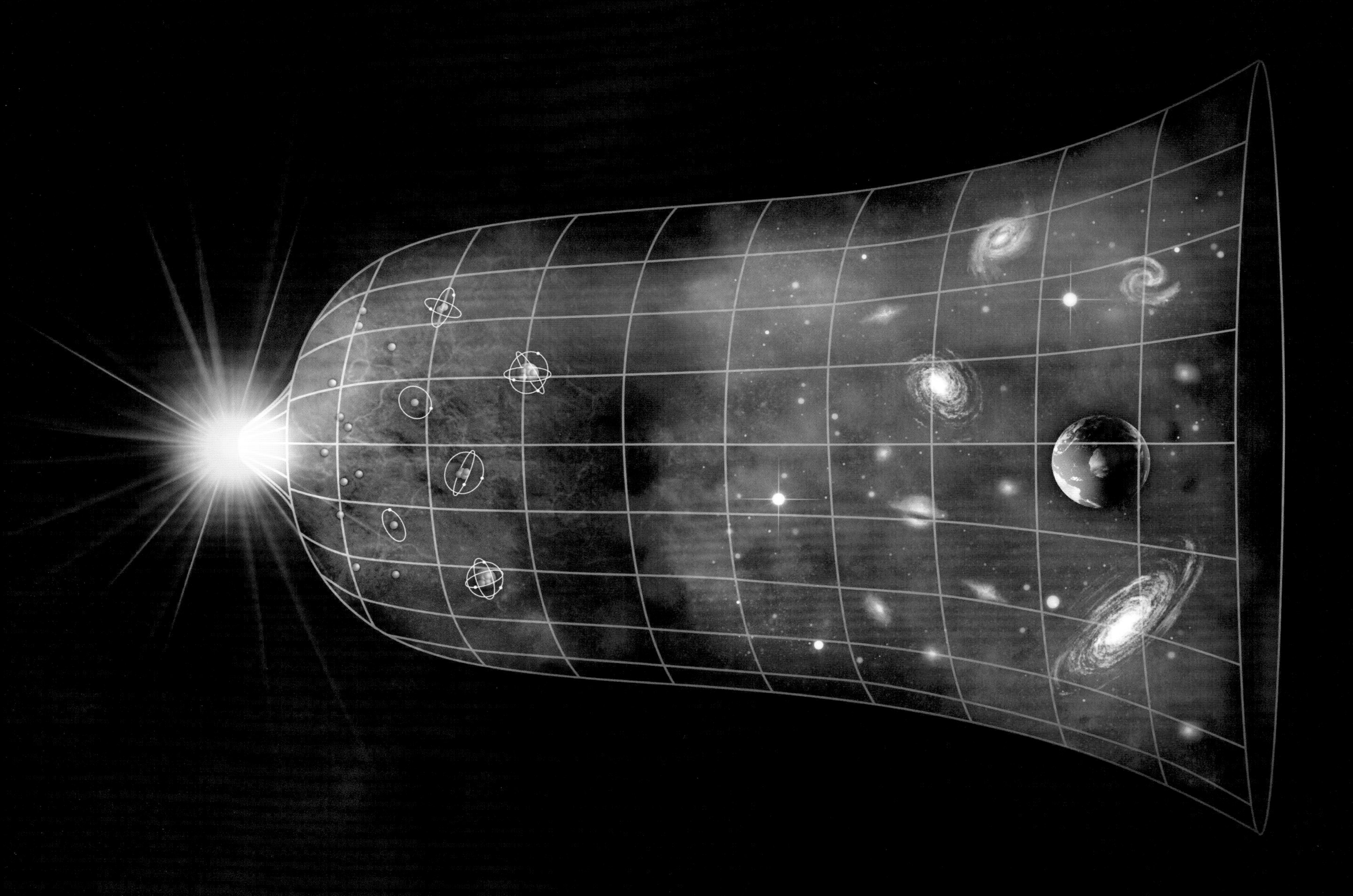

不平静的宇宙

在很多人看来，宇宙不仅浩瀚、神秘，而且好像永远波澜不惊一样，但事实上却并非如此。在我们用肉眼无法观测到的宇宙深处，无时无刻不在发生着各种各样剧烈的运动，如超新星爆发、伽马射线暴、星系碰撞、小天体撞击等。

超新星爆发是恒星演化到末期时发生的一种剧烈爆炸现象。爆炸时亮度极高，可以将整个星系都照亮，还能释放出非常大的能量，整个过程可以持续几周甚至几个月。

伽马射线暴是宇宙中的伽马射线突然增强，转而又迅速减弱的一种现象。这种现象的持续时间一般不长，短则不到一秒，长则可达几个小时，但却是目前已知的宇宙中最强的爆射现象。

星系本身及其中的星云、恒星、行星等天体都处在不停地运动当中，当一个星系与另一个星系因为引力的作用而运动到一起时，就会发生碰撞，这就是星系碰撞。星系碰撞在宇宙中非常普遍，其结果主要有三种：二者合并，相互撕裂，以及其中一个星系的一部分被另一个星系吸收。

小天体一般包括小行星、彗星、流星体及其他星际物质，它们在运行过程中会互相接近，当运行到相同的轨道时就会发生撞击。有时候小天体也会撞上其他行星或卫星，这就是小天体撞击现象。宇宙中的小天体撞击现象相当常见，这一点从月球和水星上遍布的陨石坑就可看出。

★ 伽马射线暴

★ 星系碰撞

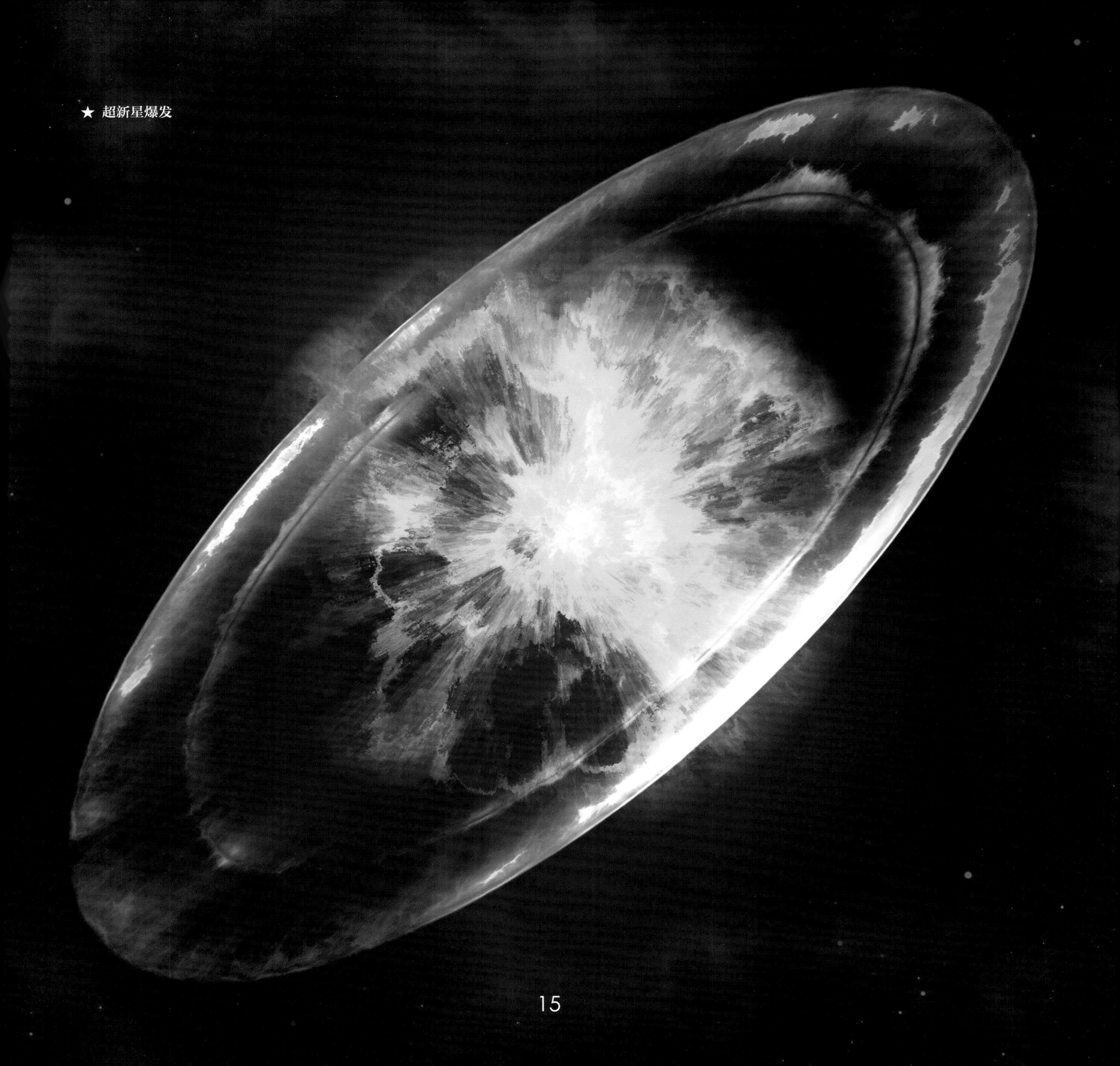
★ 超新星爆发

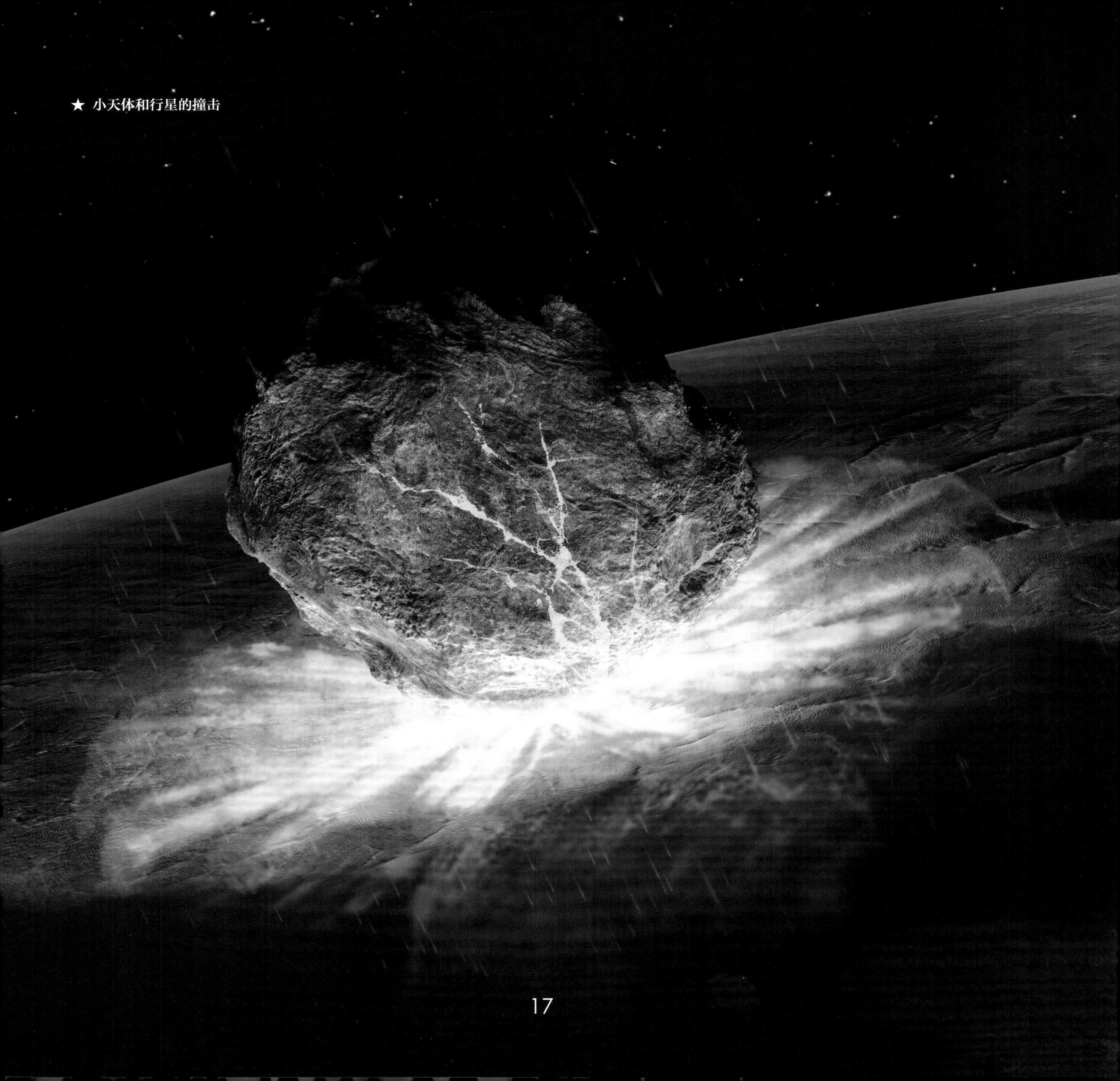

★ 小天体和行星的撞击

怎样观察宇宙

自古以来，星空一直激发着人类无尽的好奇心。然而，在古代，天文学始终与占星学交织相连。直至 1608 年，荷兰的眼镜商汉斯·李普希偶然间发现，通过两块镜片组合，能够清晰地观察远处的事物。这一发现激发了他的创造力，促使他发明了历史上第一架望远镜。意大利科学家伽利略在得知这项发明后，对望远镜进行了改进，并于 1609 年成功制造出了第一台用于观测天体的天文望远镜。他首次将其对准神秘的月球，开启了人类科学观测月球表面的新时代。自此，近代天文学开始崭露头角。如今我们对于宇宙的认知，几乎都源于望远镜这一重要工具的帮助。

随着科技的不断发展，天文望远镜的观测能力越来越强，能够捕捉到的天体信息量也在不断增加。天文望远镜的规格繁多，既有小巧便携的，也有大型复杂的。无论是哪一种，都是人类探索宇宙的重要工具。

★ **伽利略**

★ **伽利略望远镜**

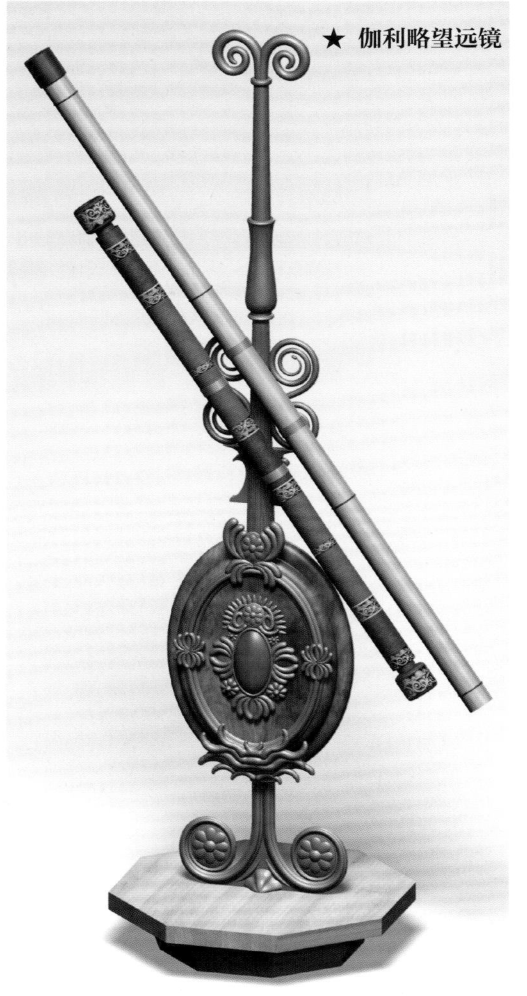

★ 小型反射望远镜

ON OFF
Power
DC 12V
Hand Controller
Auto Guider

★ 大型光学望远镜——凯克望远镜

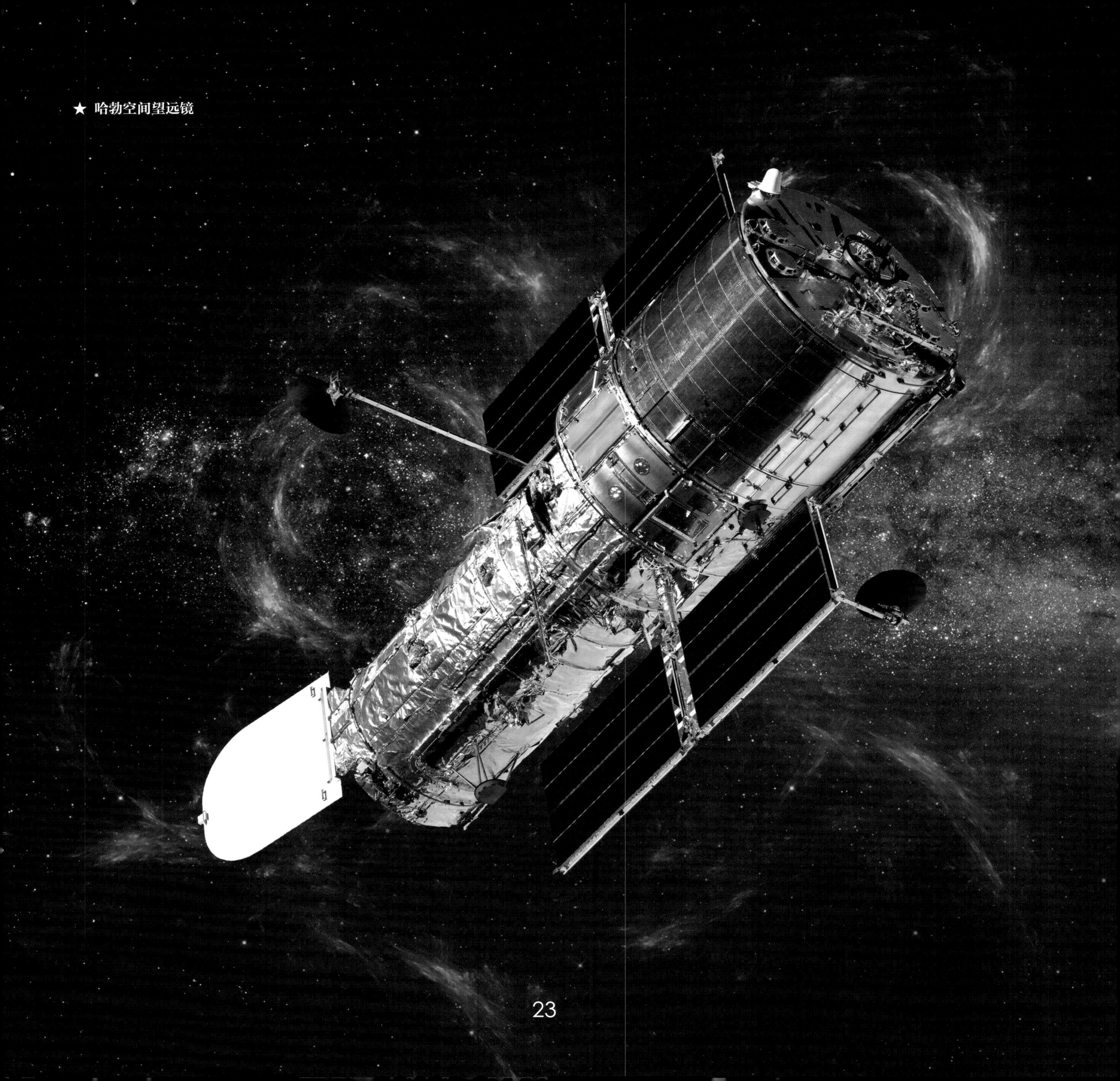

★ 哈勃空间望远镜

宇宙中的天体

天体是宇宙中所有星体的统称，包括恒星、行星、卫星、小行星、彗星、星云、流星等，它们均具有独特的性质和特征。

恒星是宇宙中最基本的天体，是由氢和氦等元素组成的大质量球体，能够通过核聚变反应发光发热。太阳是太阳系中唯一一颗恒星。

行星是围绕着恒星运行的天体，它们自身并不发光，只能反射恒星的光。这些行星的表面形态并不相同，有的是固体形态，有的是气体形态。

卫星是围绕着固定行星运行的天体。月球就是地球的一颗卫星，它围绕着地球运转。

小行星是太阳系内环绕太阳运转的小天体，它们的形态大都不规则，质量和体积都比行星要小。绝大多数小行星位于火星和木星轨道之间的小行星带内。

彗星来自外太阳系，由冰块和尘埃组成，其亮度和形状会随着与太阳的距离远近而发生变化。

星云由气体和尘埃组成，外观呈云雾状，广泛分布在宇宙中。

流星是指运行在星际空间的流星体，质量很小，在受到其他方向大质量天体的引力作用后会向大质量天体坠落。当流星体进入地球大气层时，其与大气摩擦会产生燃烧现象，形成我们看到的光迹。

★ 太阳→地球→月球

★ 小行星

★ 彗星

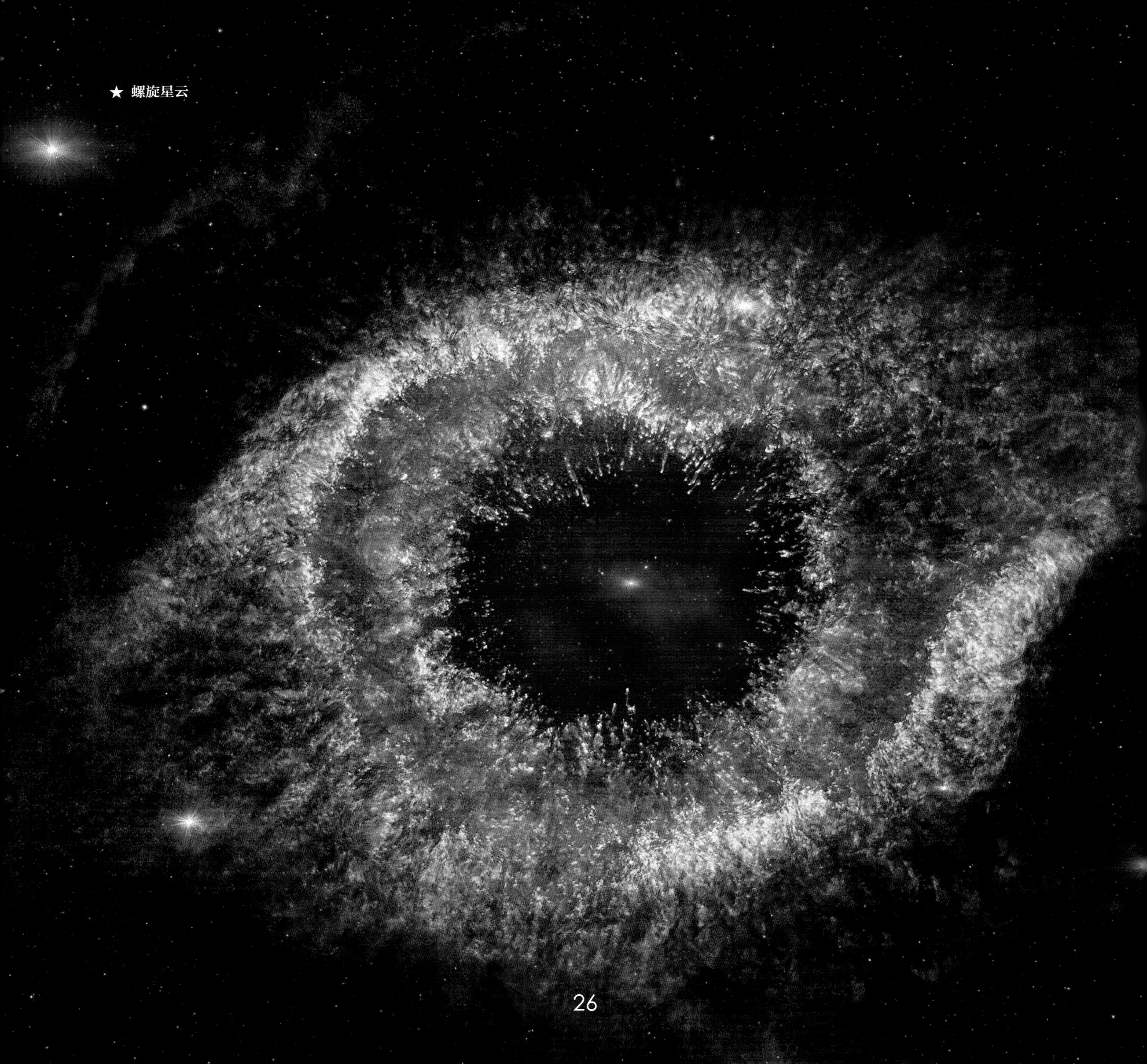
★ 螺旋星云

★ 流星坠落

明亮的恒星

恒星形成的基础是星际尘埃，这些尘埃在万有引力的作用下聚集，并逐渐凝聚成分子云核。当这些分子云核中的物质密度达到一定程度时，核心区域就会发生剧烈压缩，被压缩的气体和尘埃的温度与压力逐渐升高或变大，直到达到触发核聚变反应的条件。一旦核聚变反应开始，恒星就诞生了。恒星在诞生之初被称为原恒星。

恒星如同所有生命体一样，有着属于自己的生命史。从诞生到消亡，恒星跨越了数百万年至数十亿年的时光。在此期间，恒星内部持续地进行着核聚变反应，像一座永不熄灭的熔炉，源源不断地释放出巨大的能量。然而，能量最终会消耗殆尽，这时恒星便走到了生命的终点。

恒星生命的终点因其质量的差异而呈现出多种可能性。质量较小的恒星，在氢燃料耗尽后，会膨胀成红巨星，其外层物质会逐渐向外消散，形成行星状星云，而恒星的核心最终会收缩并冷却，成为一颗白矮星。质量较大的恒星，在核心区域的燃料耗尽后，可能会经历超新星爆发。在超新星爆发过程中，恒星会散发出强烈的光芒，其释放出的物质会被抛向宇宙空间，形成新的星际物质，而剩余部分可能坍缩成为中子星或黑洞。

★ 原恒星

★ 红巨星

★ 带有白矮星的行星状星云

★ 超新星爆发

★ 具有极强磁场的中子星

运转的行星

行星通常是指自身不发光并环绕着恒星运转的天体。行星在恒星的引力作用下，沿着一定的轨道进行公转。它的公转方向通常与它所绕恒星的自转方向相同，其公转轨道通常是椭圆形的。

太阳系内有八大行星，按照与太阳的距离由近到远分别是：水星、金星、地球、火星、木星、土星、天王星、海王星。每颗行星都有其独特的特点和性质。例如，水星是八大行星中最小的行星，也是距离太阳最近的行星，受太阳引力的影响，没有显著的大气层；地球是目前已知的唯一有生命存在的行星，其表面被大量的水覆盖，大气层中含有氧气和其他气体；木星是八大行星中最大的行星，拥有浓厚的大气层，其质量大于其他所有行星的总和；海王星是距离太阳最远的行星，大气层主要由氢、氦和微量的甲烷组成。

★ 水星

★ 地球

★ 木星

★ 海王星

可怕的黑洞

黑洞是宇宙中的一种特殊天体，具有极大的引力场。巨大的引力使得黑洞附近的任何物质一旦被其捕获，就再也无法逃离，甚至连光也不例外。

黑洞的形成通常与恒星的演化过程有关。在大质量恒星演化的末期，其核心燃料耗尽时，它的核心就会在重力的作用下逐渐收缩、塌陷。核心坍缩后，恒星的引力场变得异常强大，最后形成一个体积无限小、密度无限大的天体，即黑洞。

黑洞本身不发光，也不反射光，因此观测黑洞对人类来说是一个巨大的挑战。目前，科学家会通过观测黑洞对附近物质的影响来间接研究黑洞。例如，黑洞强大的引力场使得经过它附近的光线发生弯曲，产生类似于透镜的效果。通过观测这种引力透镜效应，科学家可以推断出黑洞的存在和它的质量。

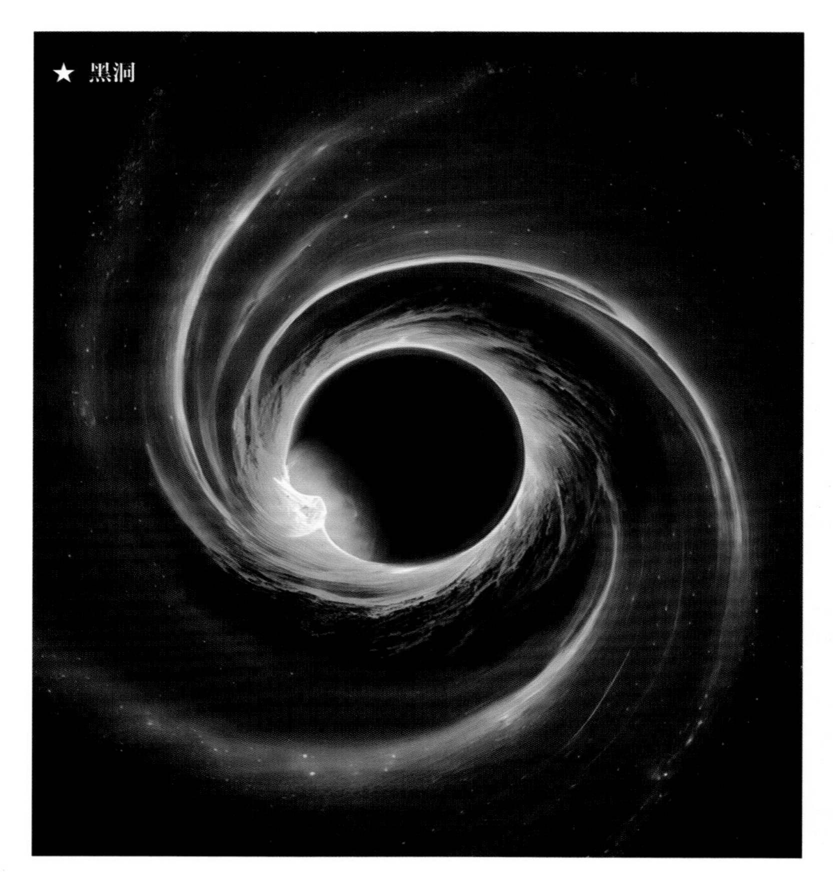

★ 黑洞

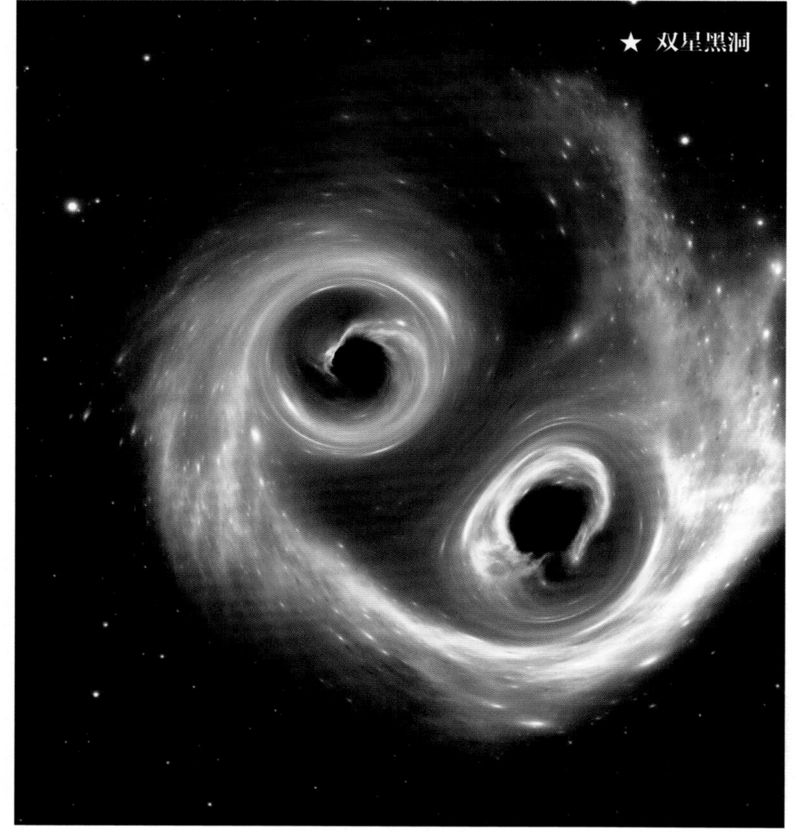

★ 双星黑洞

★ 引力透镜效应

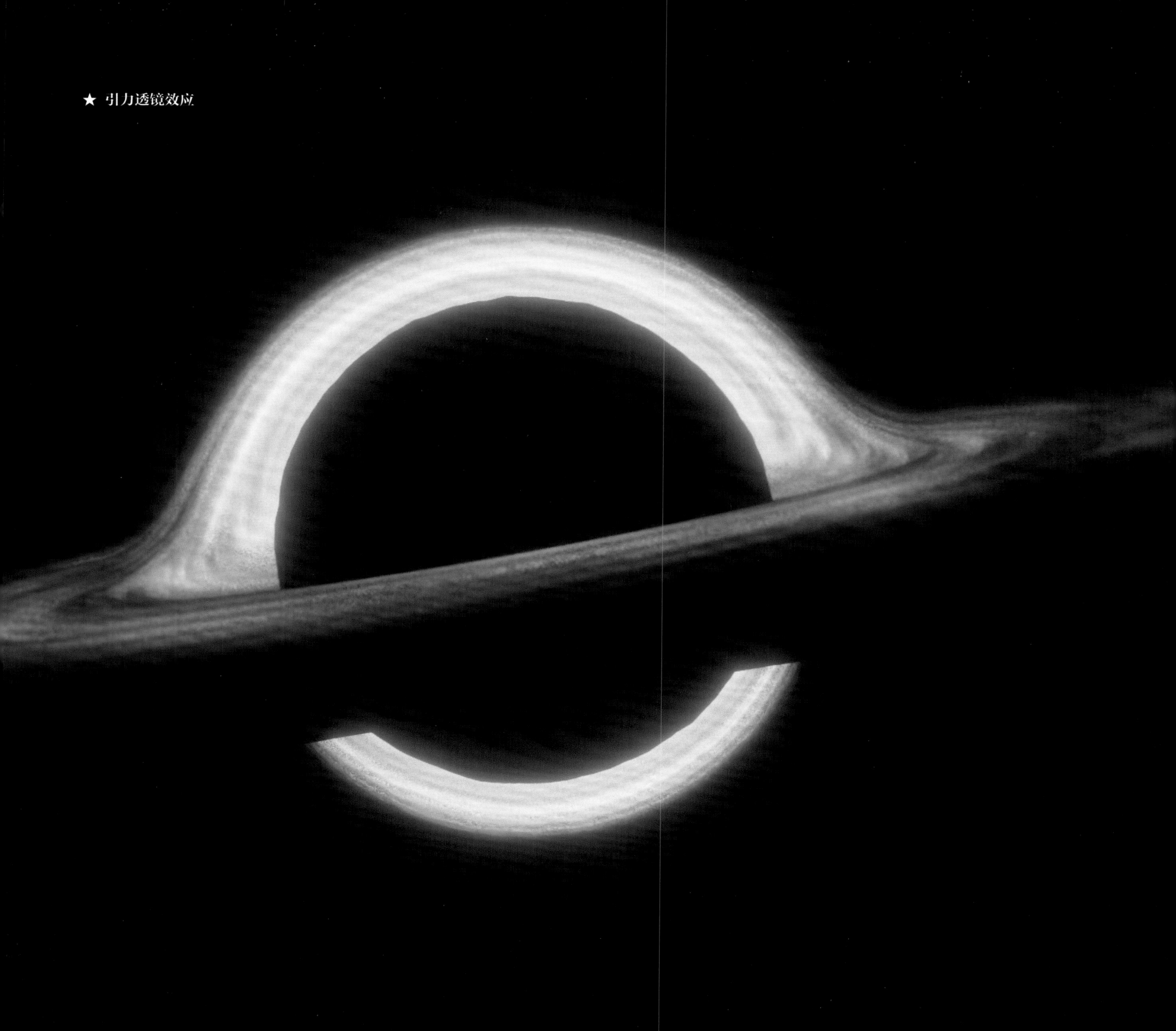

坠落的陨石

陨石，又叫“陨星”，是地球以外脱离原有运行轨道的宇宙流星或尘碎块，陨落至地球表面的石质、铁质或石铁混合质的固态天然物体。陨石是人类直接认识太阳系各星体珍贵而稀有的实物标本，具有收藏价值。

在宇宙中，陨石坠落是一种常见现象。当小行星、彗星或其他太阳系小天体靠近地球时，它们会受到地球引力的作用，最后穿越大气层，坠向地球表面。

当坠落到地球时，陨石由于在高速运动过程中与大气层发生摩擦而产生高温，因此，陨石表面可能会熔化或汽化，从而形成一层黑色的熔融外壳。同时，陨石撞击地球表面也可能会引发爆炸，形成陨石坑。但并不是所有的陨石坠落都会形成明显的陨石坑，小型陨石可能只会在地表留下微小的痕迹，或者直接碎裂成多块。

迄今为止，地球上发现的重量最大的陨石，是坠落至非洲纳米比亚共和国的霍巴陨石。

★ 石陨石

★ 铁陨石

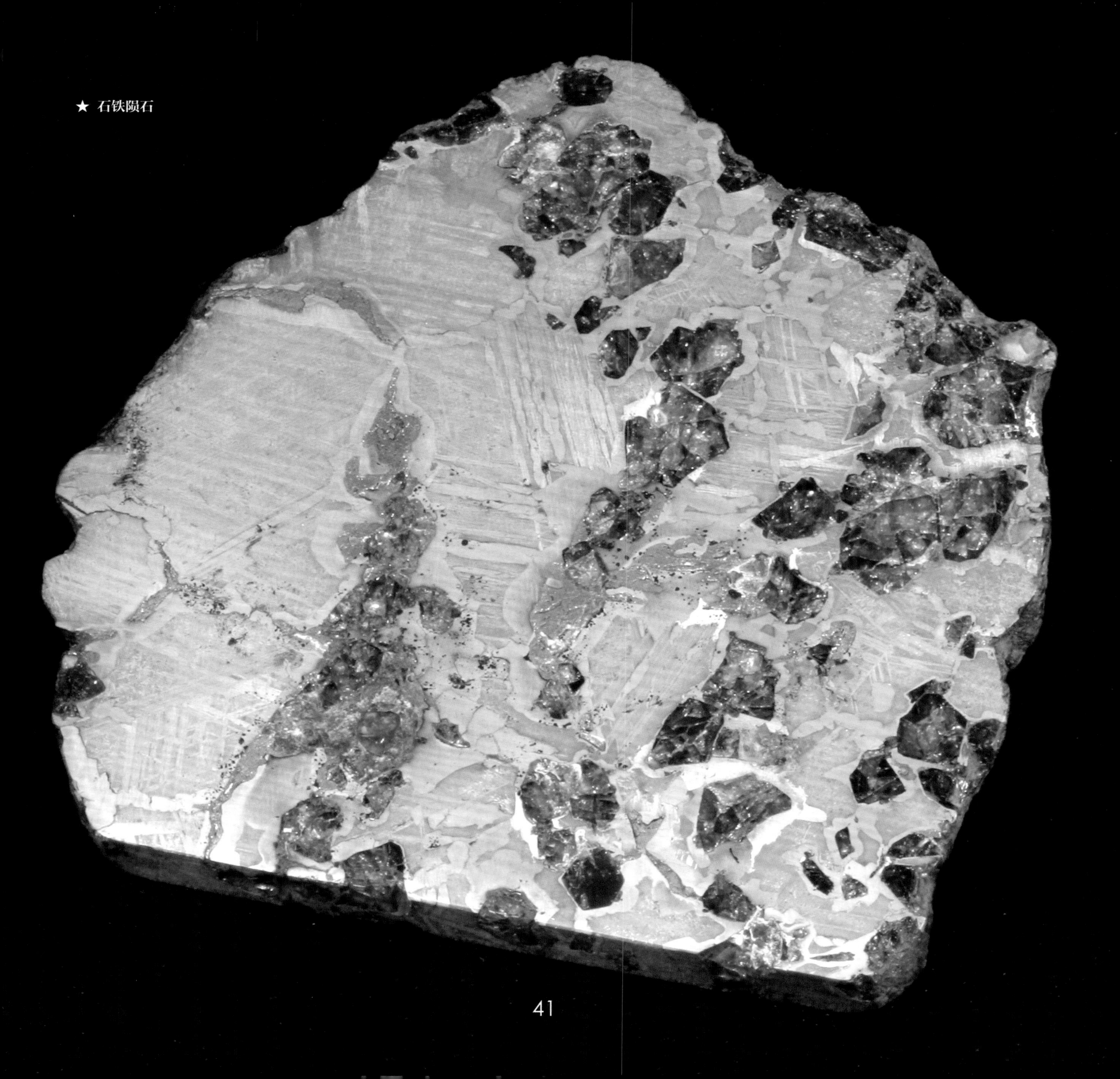

★ 石铁陨石

★ 陨石坠落

★ 陨石坑
★ 霍巴陨石

星系和星云

星系的数量

星系是指由几亿颗至上万亿颗恒星以及星际物质所构成的庞大天体系统。它是构成宇宙的基本单位，广泛分布在浩瀚无垠的宇宙空间中。一个典型的星系包含恒星、星团、星云、气体、宇宙尘埃和暗物质，它们都围绕着一个质量中心运转。星系的数量极为庞大，在可观测宇宙中，星系的数量达上千亿个。

宇宙中的星系大小不一，形状和颜色各异，吸引着无数天文学家和天文爱好者对其进行不懈的探索。他们借助不同的观测仪器，试图揭开这些遥远星系的神秘面纱。以 M51 星系为例，如今我们看到的关于它的星系图，很多都是天文学家用空间望远镜观测出来的数据合成的。

★ 宇宙中的星系

★ M51 星系

星系的分类

宇宙中星系众多，它们的形态、结构和特性各异，有独立星系，也有双重星系，有的星系做直线运动，有的星系做曲线运动。因此，为了更好地了解星系的性质、演化，以及星系与宇宙的关系，我们需要对星系进行分类。

美国天文学家哈勃在 1926 年提出了按星系形态分类的方法，这也是目前天文学家广泛应用的一种星系分类法。他将星系划分为三类，即椭圆星系、旋涡星系、不规则星系，并且根据星系是否有棒状结构、星系的椭圆扁率差异等特性，对每一类星系进行了更为细致的划分。

★ 椭圆星系——NGC 1316

★ 旋涡星系——NGC 5457

★ 棒旋星系——NGC 1672

★ 不规则星系——NGC 4449

银河系

银河系是地球和太阳所属的星系，属于棒旋星系，自内向外分别由银心、银核、银盘、银晕和银冕组成。它是一个巨大而复杂的天体系统，约包含 2000 亿颗恒星和大量星团、星云及各种类型的星际气体与尘埃。

银河系 90% 的物质为恒星，它们常聚集成团，目前已发现 1000 多个星团和大量双星系统。昴星团便是其中最有名的银河星团之一，位于金牛座。

银河系在天空中的投影像是一条波光粼粼的河流，因此古人称之为银河。在地球上，一年四季都能够看到银河系，夏秋之交人们可以看到银河系最明亮、最壮观的部分。

★ 从地球仰望银河系

★ 银河系
★ 昴星团

河外星系

河外星系是除银河系外其他星系的统称。目前，人们已经观测到大约 10 亿个与银河系相似的星系，这些星系与银河系一样，由大量恒星、星团、星云和星际物质组成。但由于与地球相距甚远，我们眼中的大多数河外星系在外表上都表现为模糊的光点。

河外星系的命名标准并不统一，有些以特定的星云或星团命名，如仙女星系，在 M 天体中编号为 M31；有些以发现者的名字命名，如大小麦哲伦云；有些以星座名称命名，如猎犬座母子星系。但也有一些具有独特外观的星系，获得了较为形象的别称，如草帽星系、半人马座 A、风车星系等。

河外星系的发现是人类探索宇宙的一个重要里程碑，它首次将人类的认识拓展到遥远的银河系之外。这些遥远的星系为我们了解宇宙的起源、演化和结构提供了帮助，是天文学家深入研究的对象。

★ 大麦哲伦云

★ 小麦哲伦云

★ 仙女星系——M31

★ 草帽星系

★ 半人马座A

★ 涡状星系

★ 风车星系

什么是星云

星云是由星际空间的稀薄气体和尘埃组成的云雾状天体，包含除行星和彗星外的所有延展型天体。它们的主要成分是氢和氦，以及少量的金属元素和碳、氧等非金属元素。

星云和恒星之间有着密切的关系。在一定条件下，星云和恒星是能够相互转化的。星云是恒星形成的场所，组成星云的星际物质在引力的作用下聚集成密度更大的云团，随着温度的逐渐升高，它会触发核聚变反应，成为恒星。质量较大的恒星消亡后，可能会经历超新星爆发。爆发过程中被抛射出来的气体残渣与周围的星际物质结合，形成新的星云。

在鹰状星云内，高耸如大象鼻子的柱状物被称作“创生之柱”。这里是一个巨大的恒星孵化场。蜘蛛星云也是一个大型恒星诞生区，它的内部嵌着一个炽热的超星团 R136。

★ 鹰状星云

★ 蜘蛛星云

★ 创生之柱

星云的种类

星云的种类繁多，根据其发光性质，可分为发射星云、反射星云和暗星云三类；根据形态可将其分为弥漫星云、行星状星云、超新星遗迹等。

发射星云是由星际气体组成的发光星云，其内部或近旁总有一颗或一群高温恒星。在恒星的紫外辐射作用下，星云中的气体被激发而发光。如礁湖星云。

反射星云是靠反射或散射附近恒星的光线而发光的星云，主要由尘埃组成，光度暗弱，通常呈现为蓝色。如位于猎户座的 M78。

暗星云内不含恒星，附近也没有光供它反射，并且它还会遮挡住其后的星光，因此在星空中呈现为黑暗区域。它可以在恒星密集或弥漫星云的衬托下被发现。如马头星云。

弥漫星云没有明显的边界，形状也不规则，犹如天空中弥漫的云彩，常常需要借助望远镜才能观测到。如猎户座大星云 M42。

行星状星云通常由恒星演化晚期抛出的气体和尘埃组成，这类星云呈圆形、扁圆形或环形，中心往往是空的，如环状星云。

超新星遗迹是由超新星爆发后抛射出的气体形成的，体积处于不断膨胀之中，最后会趋于消散，如蟹状星云。

★ 礁湖星云

★ M78

★ 马头星云

★ M42

★ 环状星云

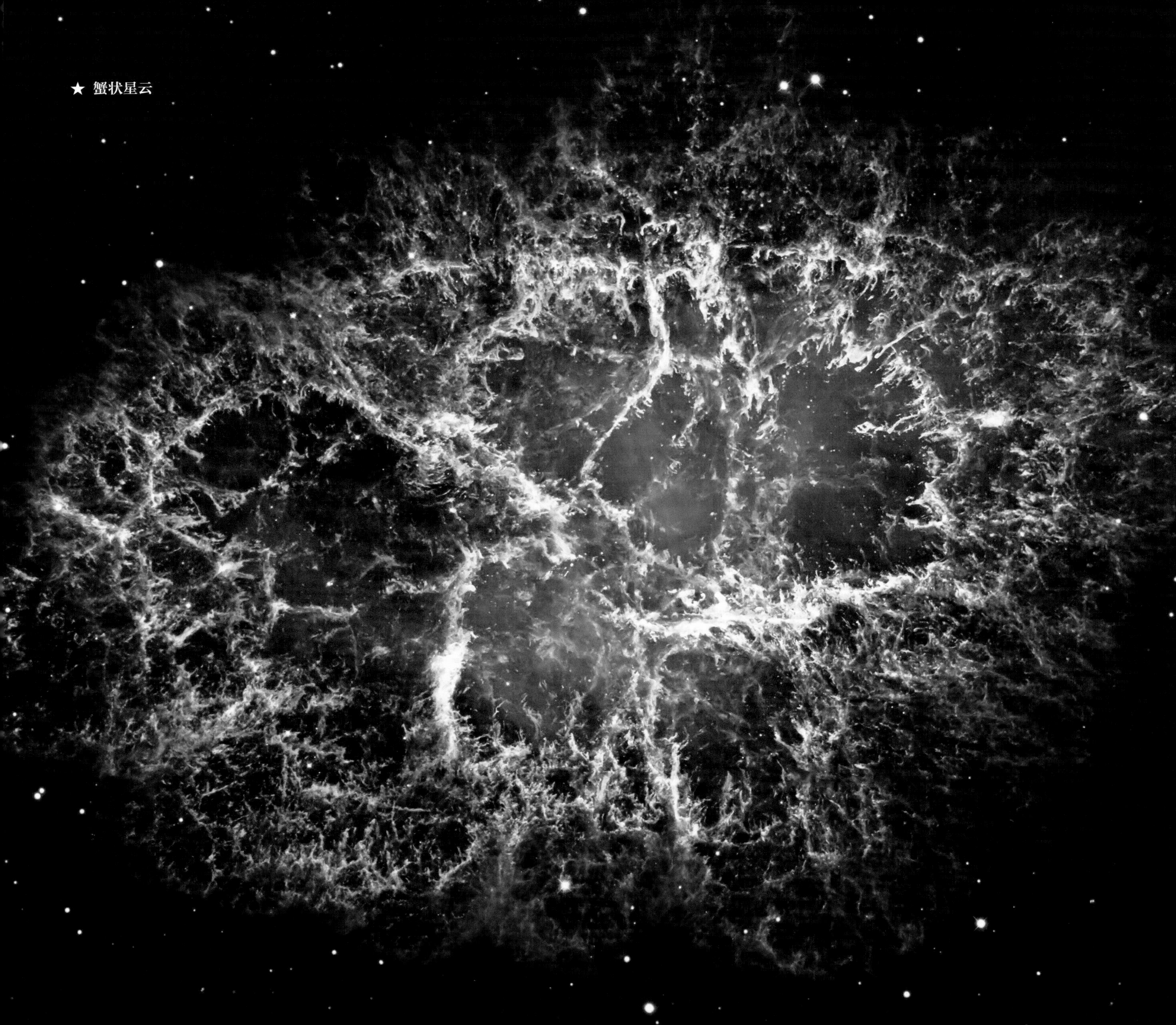
★ 蟹状星云

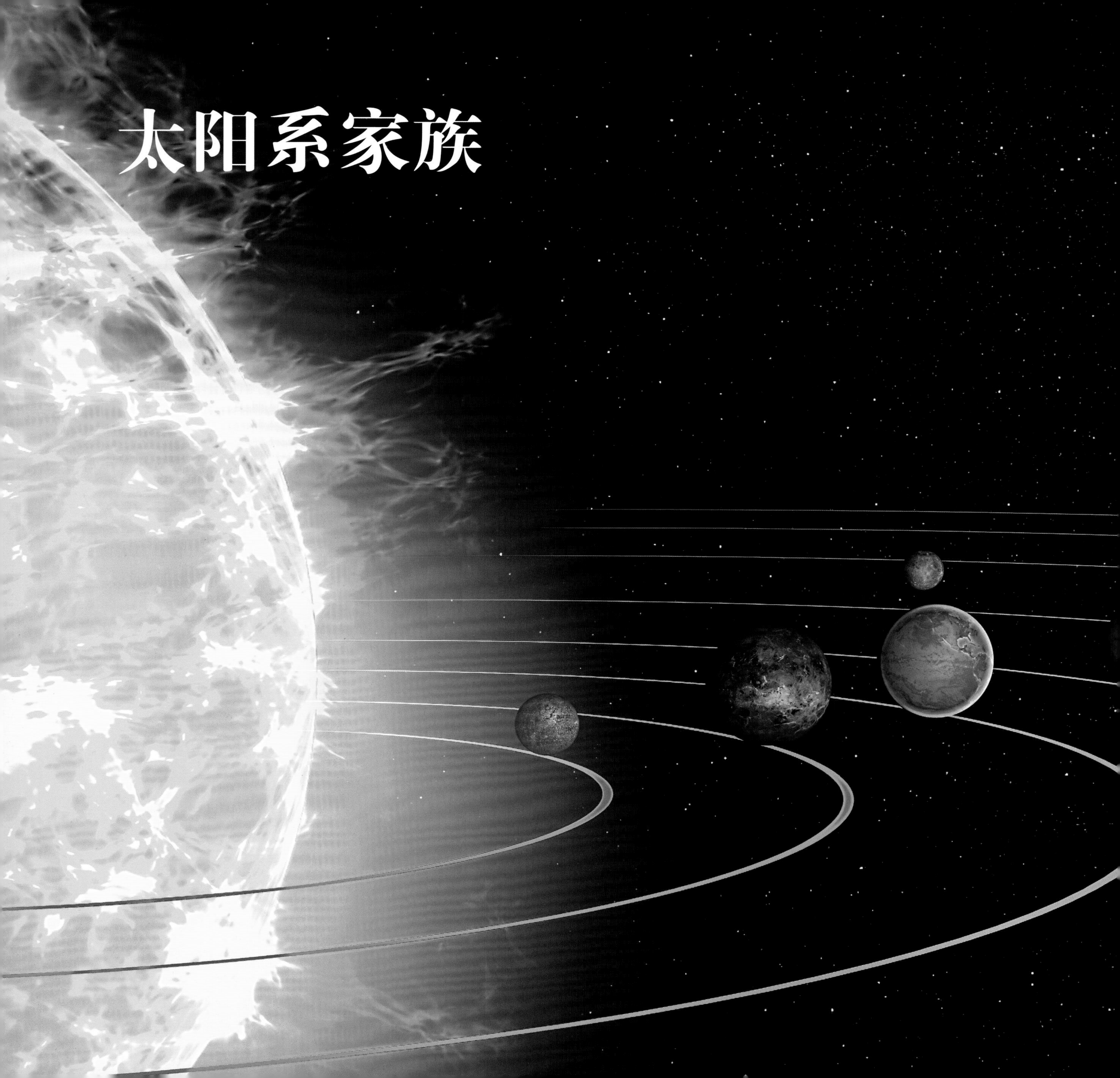
太阳系家族

太阳

太阳是太阳系家族中唯一自身能发光、发热、释放能量的天体，也是太阳系的母星。太阳诞生于约46亿年前，主要由氢（约74%）和氦（约24%）组成，此外还含有少量重元素。

太阳内部的核聚变反应从未停歇过，它像是一个巨大的火炉，燃烧自己，释放出巨大的能量。正因如此，其内核温度高达1500万摄氏度。当太阳内部的氢元素被消耗殆尽时，它的核心将坍缩，并最终演化成一颗红巨星。

太阳对地球的影响无处不在。它提供的光和热，为地球上的生命创造了一个适宜的气候环境。同时，它也驱动了地球上的水循环和大气循环。太阳燃烧1秒所释放出的能量，能够支持地球上所有生物生存100年之久。此外，太阳表面经常发生太阳黑子、太阳耀斑、太阳风等活动。这些活动会对地球磁场和气候产生影响，如导致无线电通信中断、卫星轨道变化以及地球上的气候变化。

太阳是一个巨大的气态星球，我们对其了解最多的是它的大气层。人类看到的太阳实际上是太阳大气层中的光球层，人眼所能感受到的可见光就是从这里发出的。光球层之外，还有稀薄的色球层和厚薄不均匀的日冕层，它们共同构成了太阳大气。

★ 太阳风的粒子流与地球的磁场

★ 太阳黑子

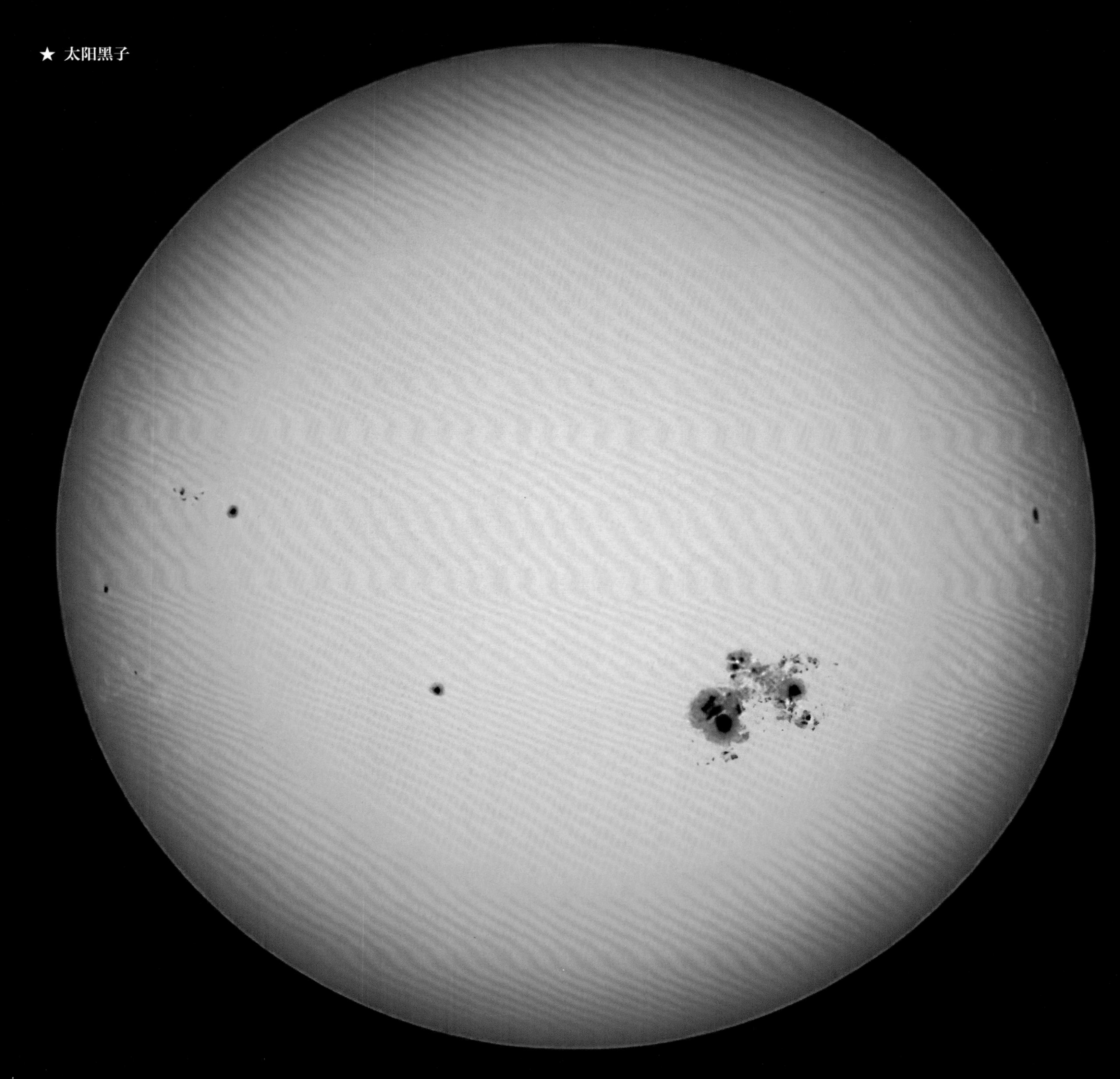

★ 太阳燃烧

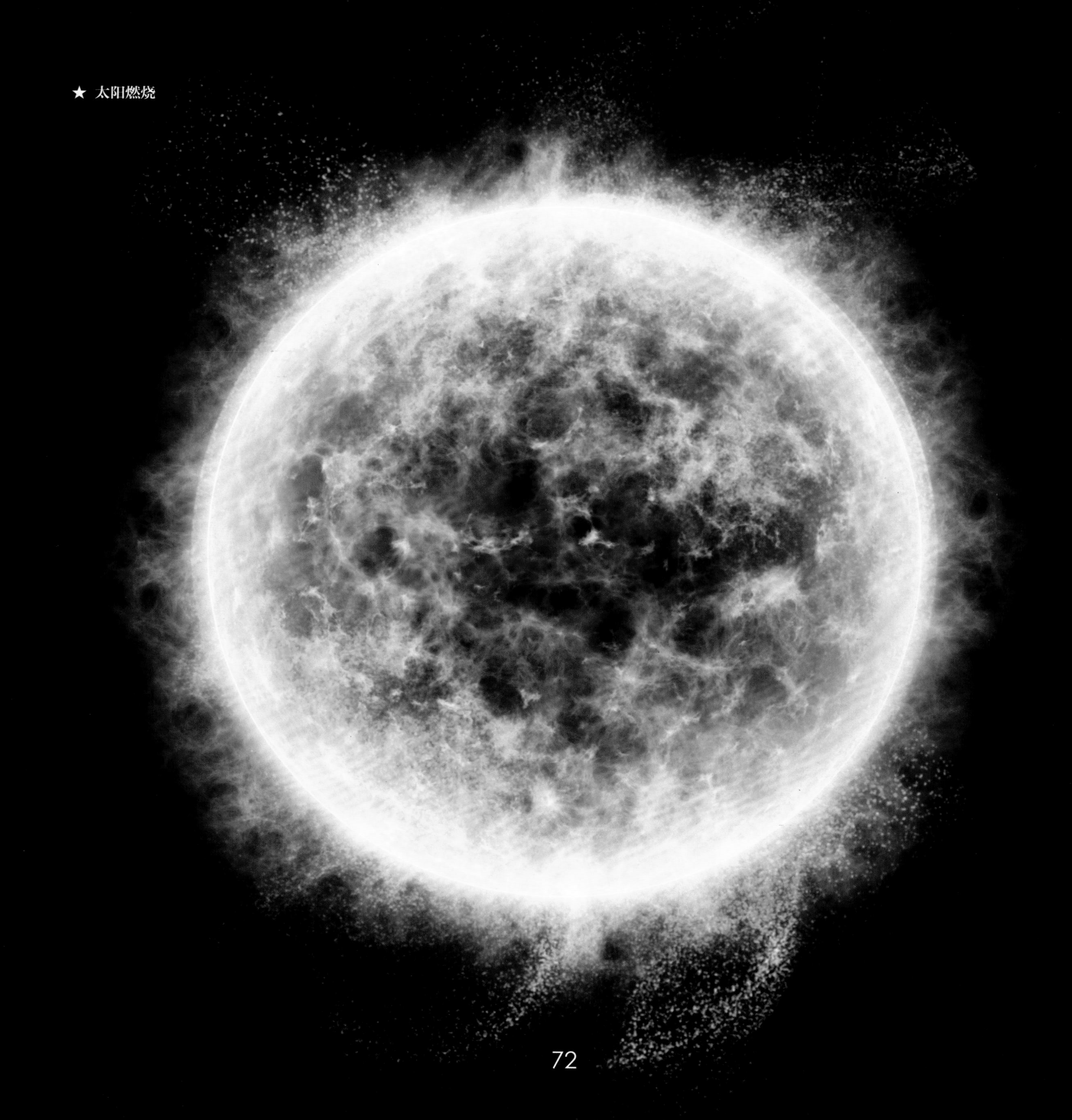

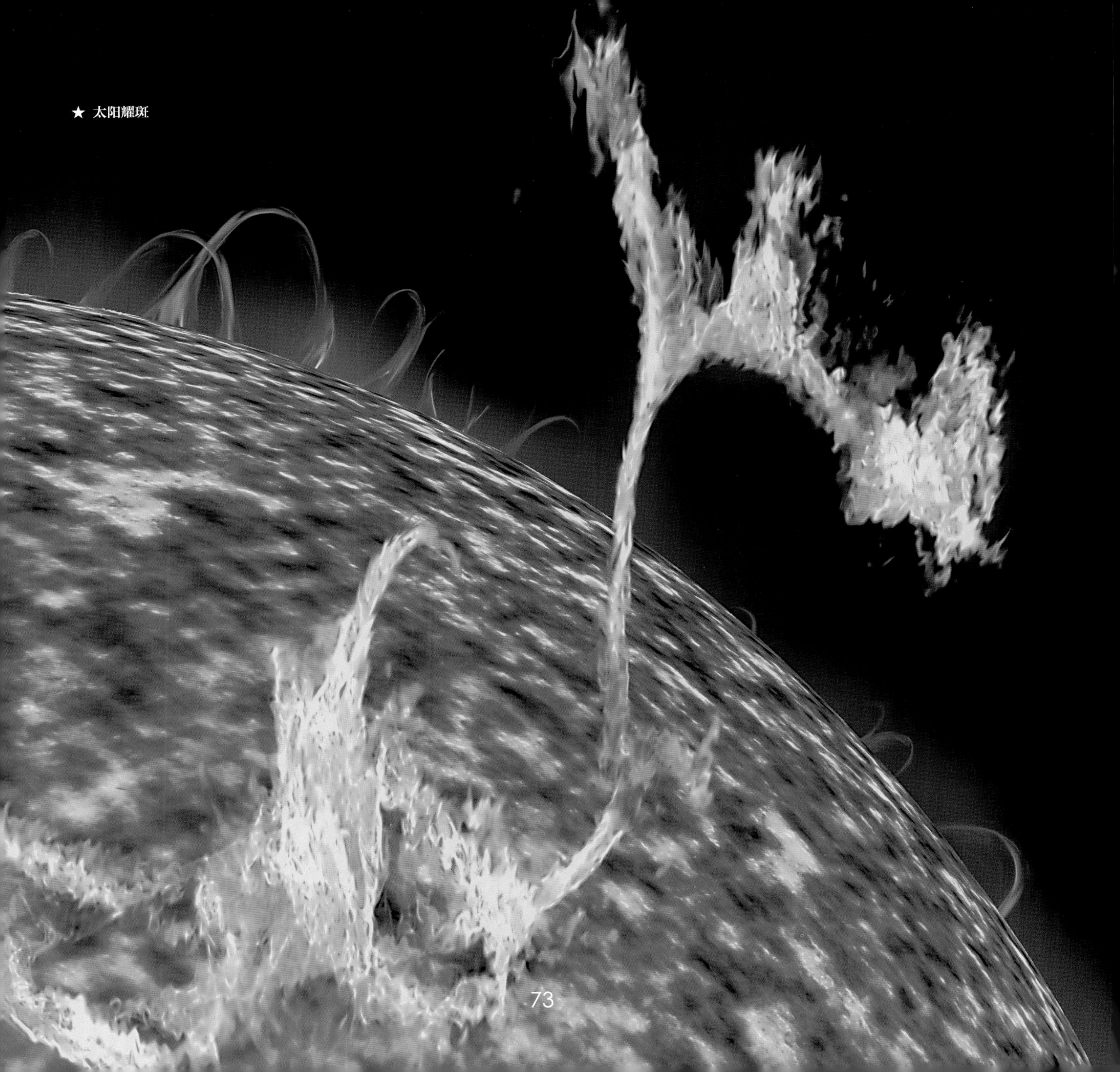

★ 太阳耀斑

★ 光球层上分布着斑点状的米粒组织

★ 日全食期间看到的日冕层

水星

水星作为太阳系家族中的一员，是一颗类地行星，它拥有一个类似地球内核的铁核。当出现日食时，我们可以凭肉眼观测到水星。

水星表面昼夜温差极大，其大气层十分稀薄，几乎无法有效地保存热量。这主要是由于水星的质量相对较小，无法有效地吸附气体，再加上它距离太阳太近，强烈的太阳风和高能粒子很容易将其大气层剥离。

水星表面有很多的撞击坑，这是它曾遭受大量小行星和彗星撞击的证据。其中，卡洛里斯盆地是一个特别引人注目的陨石坑，其直径达到了 1500 千米。

当水星运行至太阳与地球之间时，我们可以在地球上观测到一个小黑点在太阳表面缓慢移动，这种现象被称为水星凌日。然而，由于水星距离地球较远，要想清晰地观测到这一现象，我们通常需要借助望远镜进行投影观测。

★ 水星表面布满撞击坑

★ 水星的内部构造

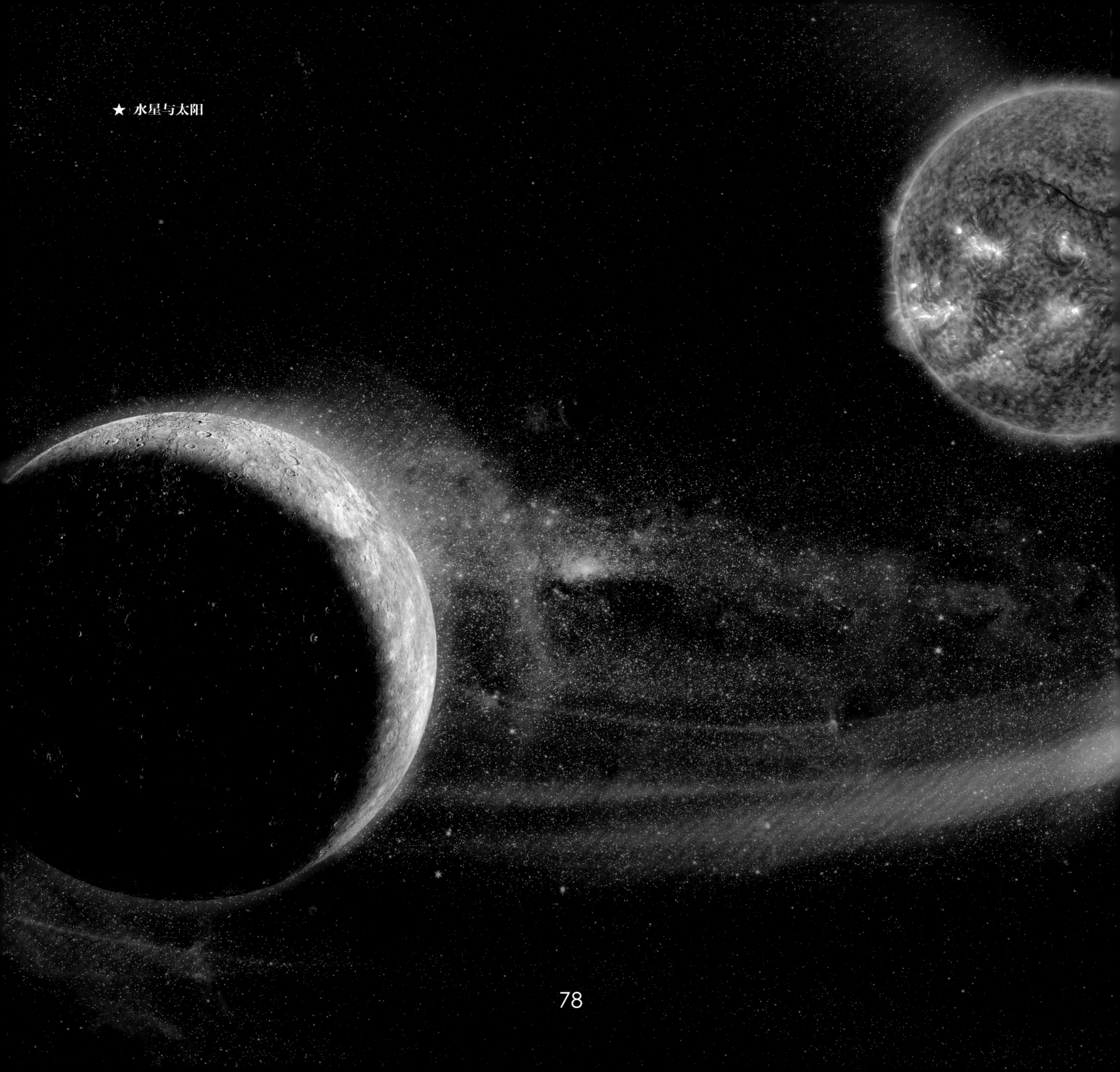

★ 水星与太阳

★ 水星凌日

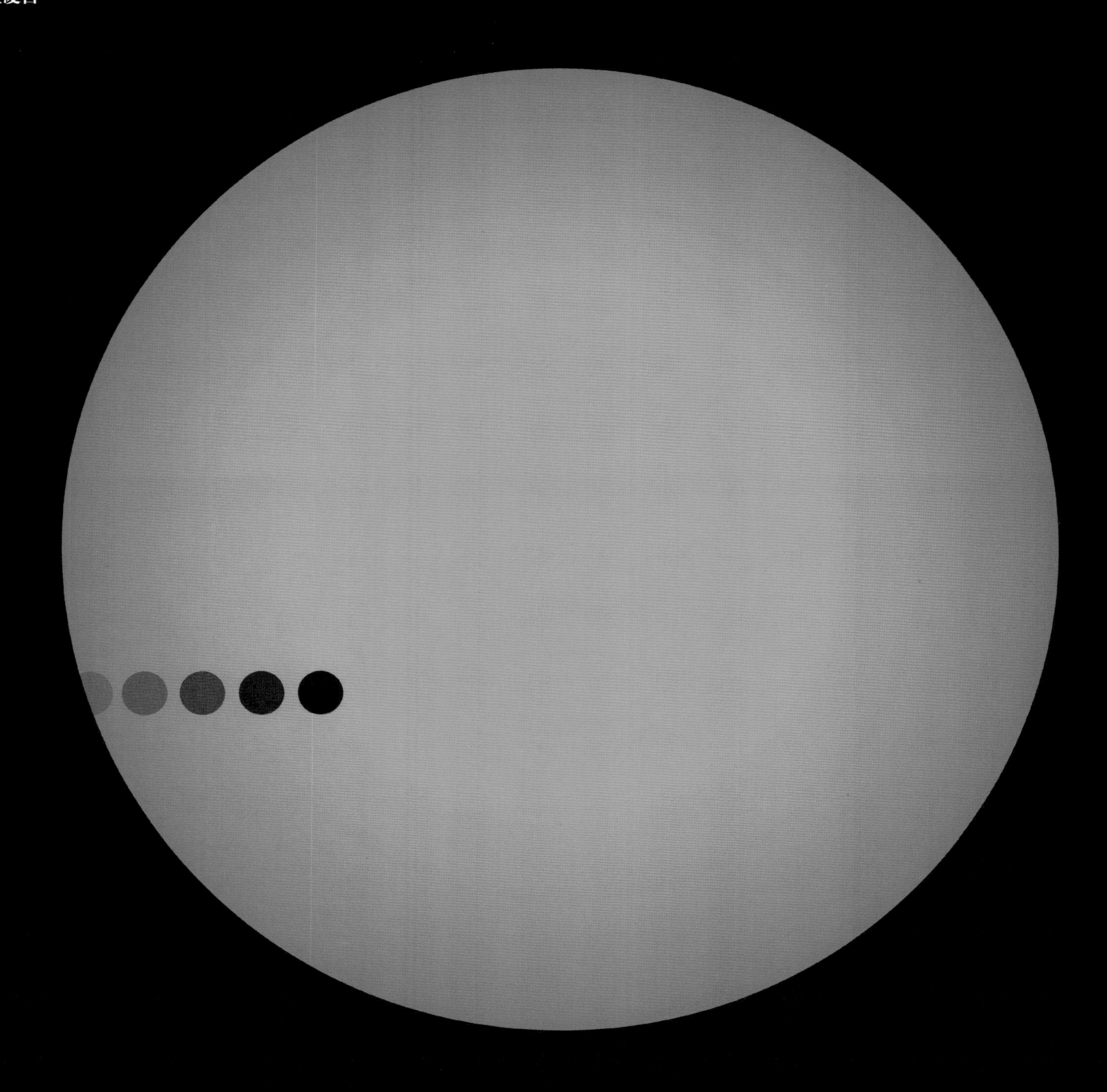

金星

金星是太阳系家族中的一颗类地行星，同时也是距离太阳第二近的行星。金星通常在清晨和傍晚可以观测到，在夜空中的亮度仅次于月球。因清晨出现于东方天空，所以在中国古代它被称为“启明星”。

金星的运行轨道在地球与水星之间，它在轨道内公转的同时还在缓慢地沿顺时针方向自转，且其自转方向与太阳系内大多数行星的自转方向相反，这使得金星成为太阳系中自转周期最长的行星，其自转周期约为 243 个地球日。

金星的大气层主要由二氧化碳组成，大气压强非常大，温室效应极为严重，这也使得其表面温度异常高，甚至超过了距离太阳最近的水星，是太阳系中最热的行星。在如此极端的环境中，金星上不可能存在液态水，因此也无法支持地球上的生命形式存在。

金星的表面特征也非常独特，可谓火山密布，大大小小的火山总数超过 10 万座，这使得金星成为太阳系中火山数量最多的行星。其中，萨帕斯火山是金星上著名的火山之一。此外，金星表面还分布着大量的撞击坑，这些都是太阳系早期行星形成和演化过程中留下的痕迹。

1990 年 8 月，“麦哲伦”号探测器成功抵达金星。它透过金星浓厚的云层测绘出金星表面的雷达图像。通过这些图像，我们可以清晰地看到金星表面的火山熔岩流、火山口、高山、活火山、地壳断层、峡谷和岩石坑等地貌特征。

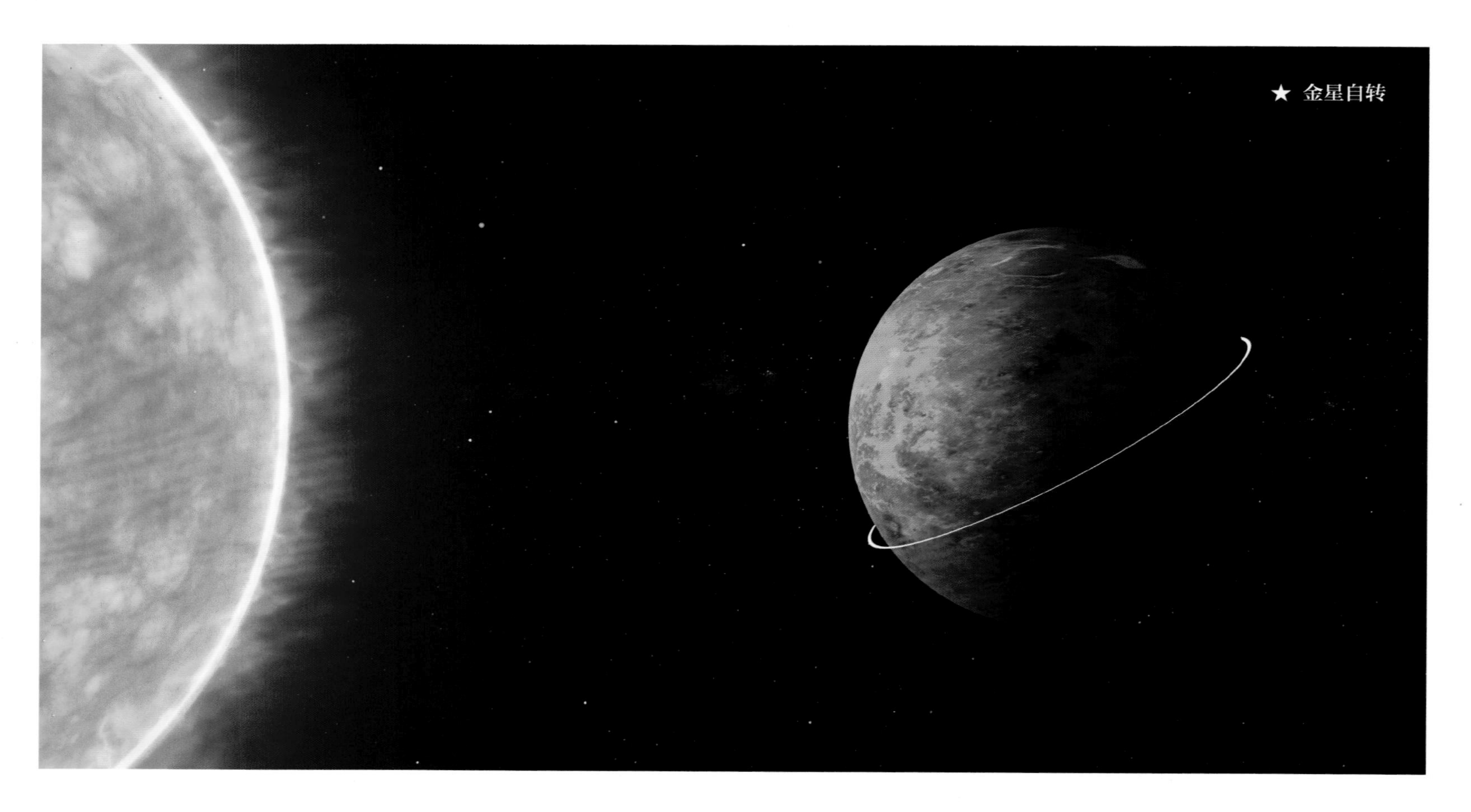
★ 金星自转

★ 金星的位置

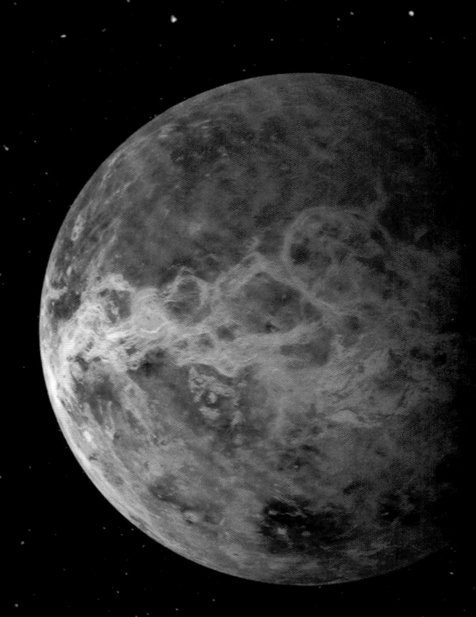

★ 金星表面无液态水存在

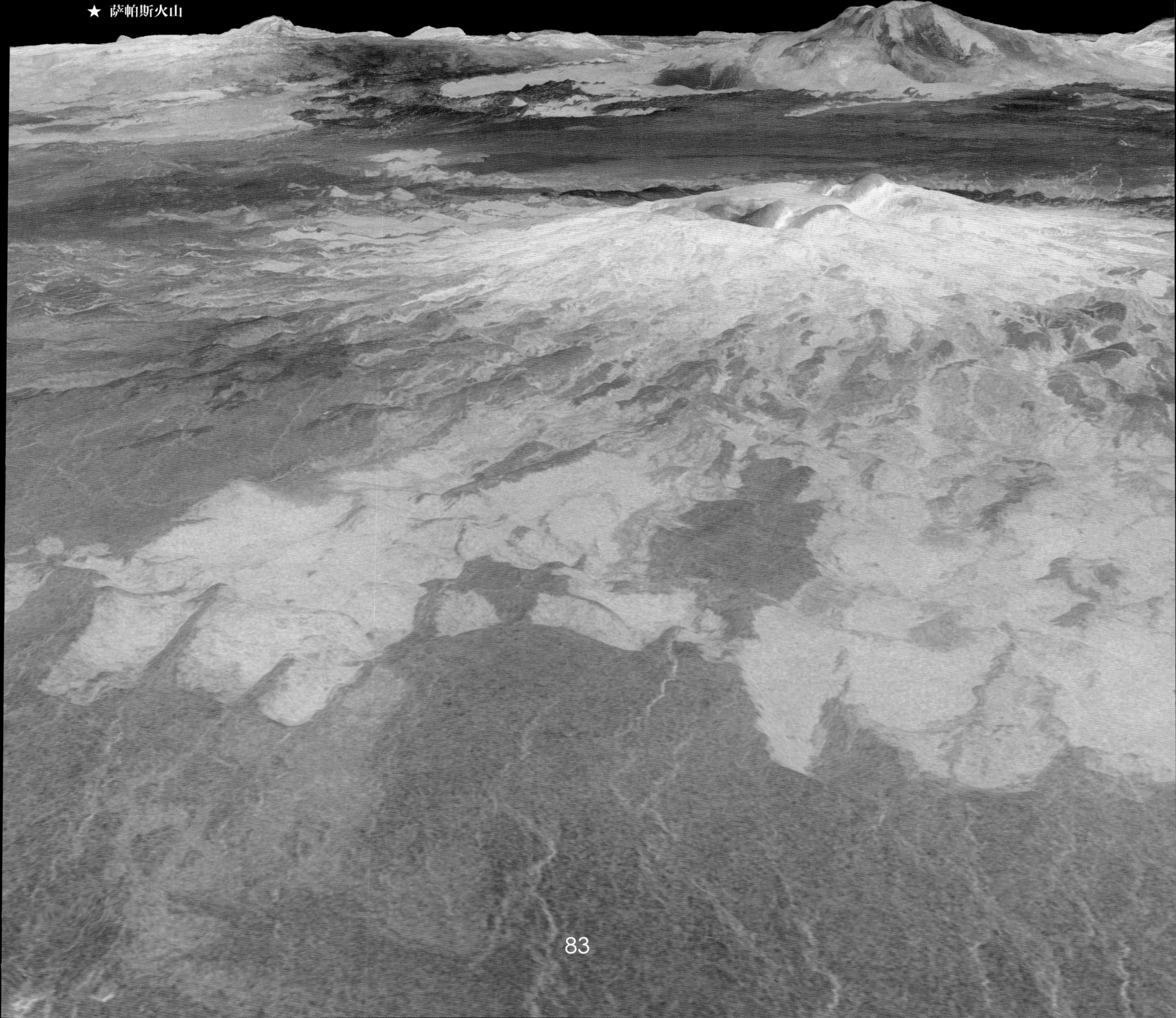
★ 萨帕斯火山

★ “麦哲伦”号探测器

★ 炽热的熔岩在金星上流动

地球

地球是宇宙中唯一已知有生命存在的星球，是太阳系家族中由内向外数的第三颗行星。其与太阳的距离既不太远也不太近，约1.5亿千米，恰到好处地接收着来自太阳的光和热，为生命的繁衍提供了理想的条件。

根据地震波在地球内部传播时波速的变化情况，可将地球的内部结构分为地壳、地幔和地核三层。其中，地核又分为内核与外核两部分。这种结构使地球拥有了磁场和板块运动等地质现象，也带来了地震、火山喷发等自然灾害。

地球周围包裹着一层很厚的大气层，它由多种气体混合组成，主要成分是氮气和氧气，其间还浮悬着水汽和固态杂质。地球的大气层既能保温又能抵挡有害辐射，同时还在太阳辐射、大气环流等的共同作用下，形成各种天气现象。大气层的存在，为生命的呼吸提供了必要条件，如果没有大气层，地球就不会有生命存在。

地球表面约有3/4被广阔的海洋、海湾及其他咸水体覆盖，从宇宙俯瞰，它就像一颗蓝色宝石镶嵌在浩瀚无垠的宇宙中。陆地地势起伏多变，高原、山地、平原、丘陵、盆地五大基本地形共同构成了地球陆地的丰富面貌。

然而，随着人类活动的日益频繁，地球也面临着前所未有的挑战。气候变化、环境污染、生物多样性丧失等问题日益严重，地球的未来充满了不确定性。因此，我们需要更加珍惜和爱护这颗蓝色星球，共同努力创造一个可持续发展的未来，让地球的生命得以延续和繁荣。

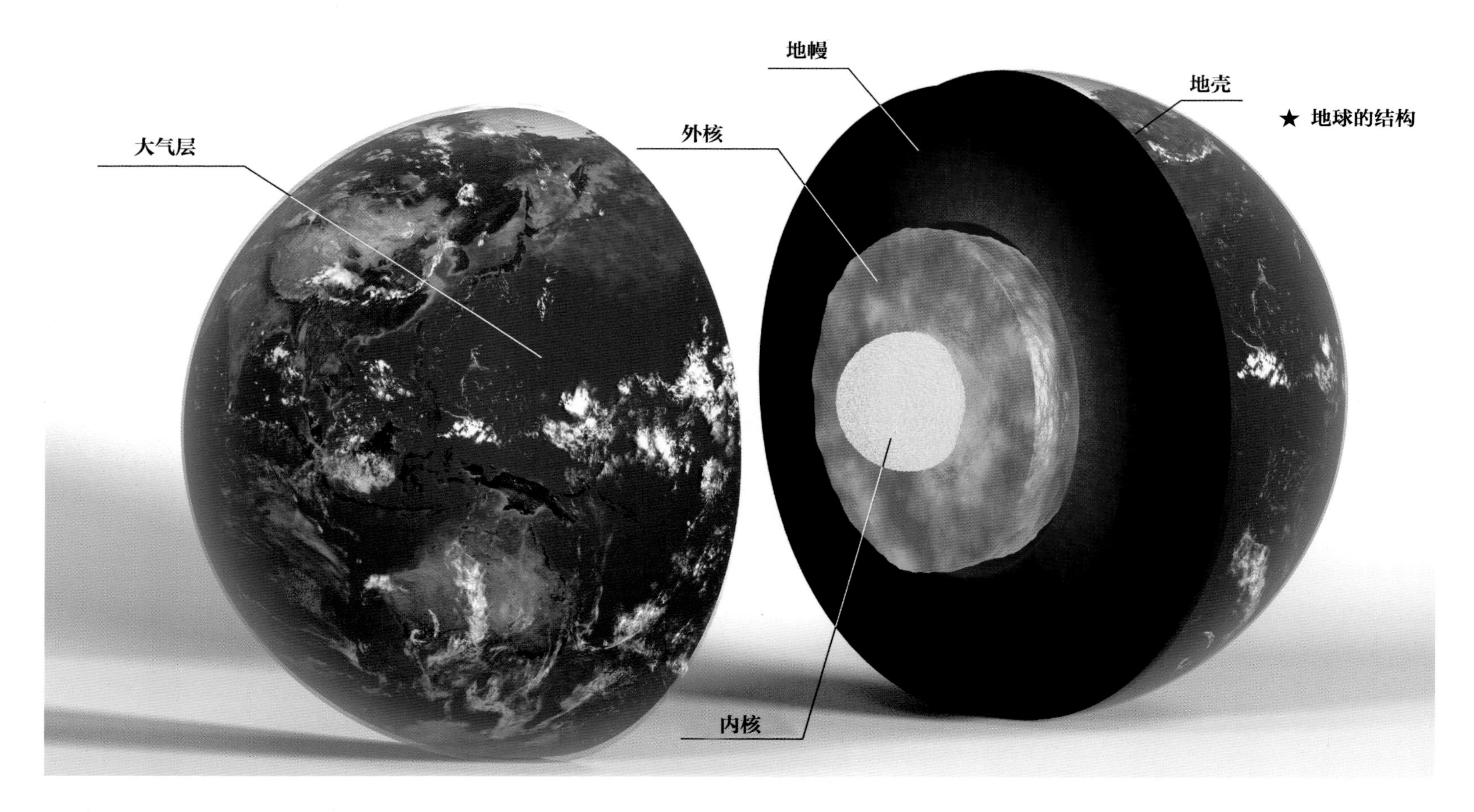

★ 地球的结构

★ 通古拉瓦火山喷发

★ 冬日雪景

月球

月球是地球唯一的天然卫星，也是人类登陆过的第一颗地外天体。月球是我们肉眼可看到的天空中第二亮的星体，仅次于太阳。但月球本身并不发光，我们看到的月光其实是它反射的太阳光。自古以来，人们就对月球十分着迷，许多有关月球的神话传说与诗词歌赋在民间广为流传，如“海上生明月，天涯共此时”。

从地球上看月球，会发现有些地方较为暗淡，而有些地方则较为明亮。暗淡的地方叫作月海，是月面上比较平坦的区域，为面积广阔的低洼平原。明亮的地方叫作月陆，是月面上高出月海的区域，这里有山脉、峭壁、环形山、辐射纹和月谷等。

大量研究表明，月球上蕴藏着丰富的矿产资源。地球上几乎所有的元素和矿物质都能在月球上找到，一些常见的元素甚至比比皆是。月球表面的岩石可以粗略地分为月海玄武岩、高地斜长岩、角砾岩三类，这些岩石类型为我们研究月球地质和矿产资源提供了宝贵的线索。

月球的存在带来了诸多奇妙的现象，如潮汐、日食、月食等。潮汐是海水在月球和太阳的引潮力的作用下产生的周期性涨落现象，潮与汐的交替，构成了一幅美丽的海洋画卷。太阳、地球、月球三者运行到同一直线时，就会发生日食或月食现象。当地球运行到太阳和月球中间且三者在同一条直线上时，地球会挡住射向月球的太阳光，同时，地球的影子也会遮蔽月球，从而出现月食现象。

★ 月相变化

★ 海上生明月

★ 月球

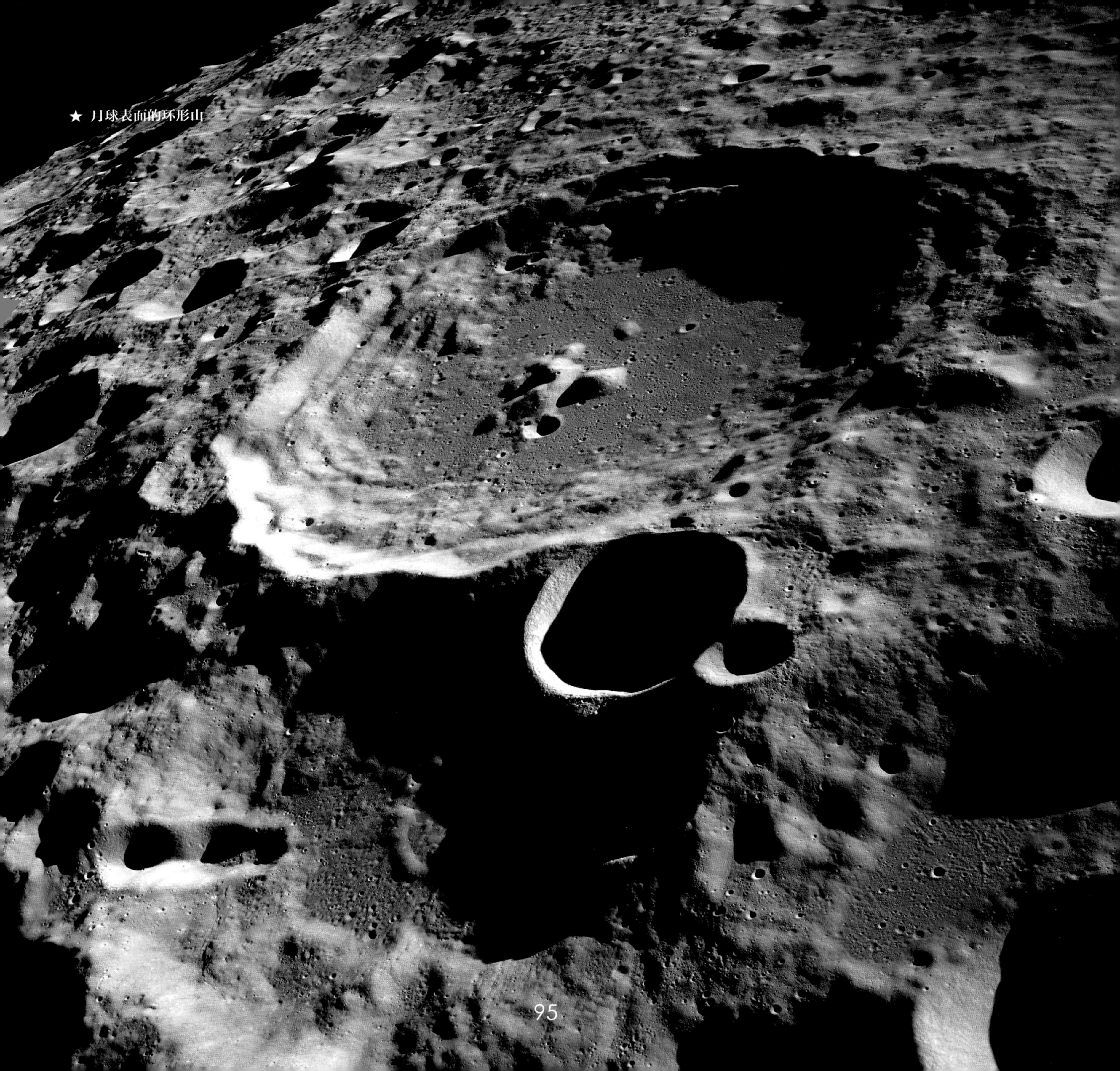

★ 月球表面的环形山

★ 人类登上月球

火星

火星是太阳系中由内向外数的第四颗行星，也是八大行星中与地球最相似的行星。其因是太阳系中最有可能存在地外生命的行星而备受瞩目。自古以来，火星以其独特的橘红色外表及其时常变动的位置和亮度，引起人们无限遐想，被古人称为“荧惑”。

火星之所以呈橘红色，是因为其地表覆盖着赤铁矿（氧化铁）。同时，火星也是一颗典型的沙漠行星，表面覆盖着广袤的沙漠。尘暴是火星大气中的独有现象，尘暴发生时，整个火星的大气中都充斥着红色的尘埃。

火星的大气层极为稀薄，主要成分是二氧化碳。然而，由于二氧化碳几乎都被转化为含碳的岩石，没有再次循环到大气中，无法产生温室效应，所以火星的表面温度远低于地球。

火星的地形地貌多样，有高山、平原、峡谷等，且地表遍布沙丘、砾石，但火星上没有稳定的液态水。其南半球是古老、遍布撞击坑的高地，北半球是较年轻的低地平原，火山地形则穿插其中，众多峡谷分布各地。其中，奥林匹斯山和水手号峡谷是火星独特地貌的代表。

火星拥有两个形状不规则的天然卫星：火卫一和火卫二。它们可能是被火星捕获的小行星，在地球上肉眼可辨。

人类对火星的探索从未停止过。迄今为止，已有超过 40 枚探测器成功抵达火星，并向地球发送回大量科学数据，火星因此成为除地球外人类了解最多的行星。

★ 火星

★ 火星表面覆盖沙漠

★ 奥林匹斯山

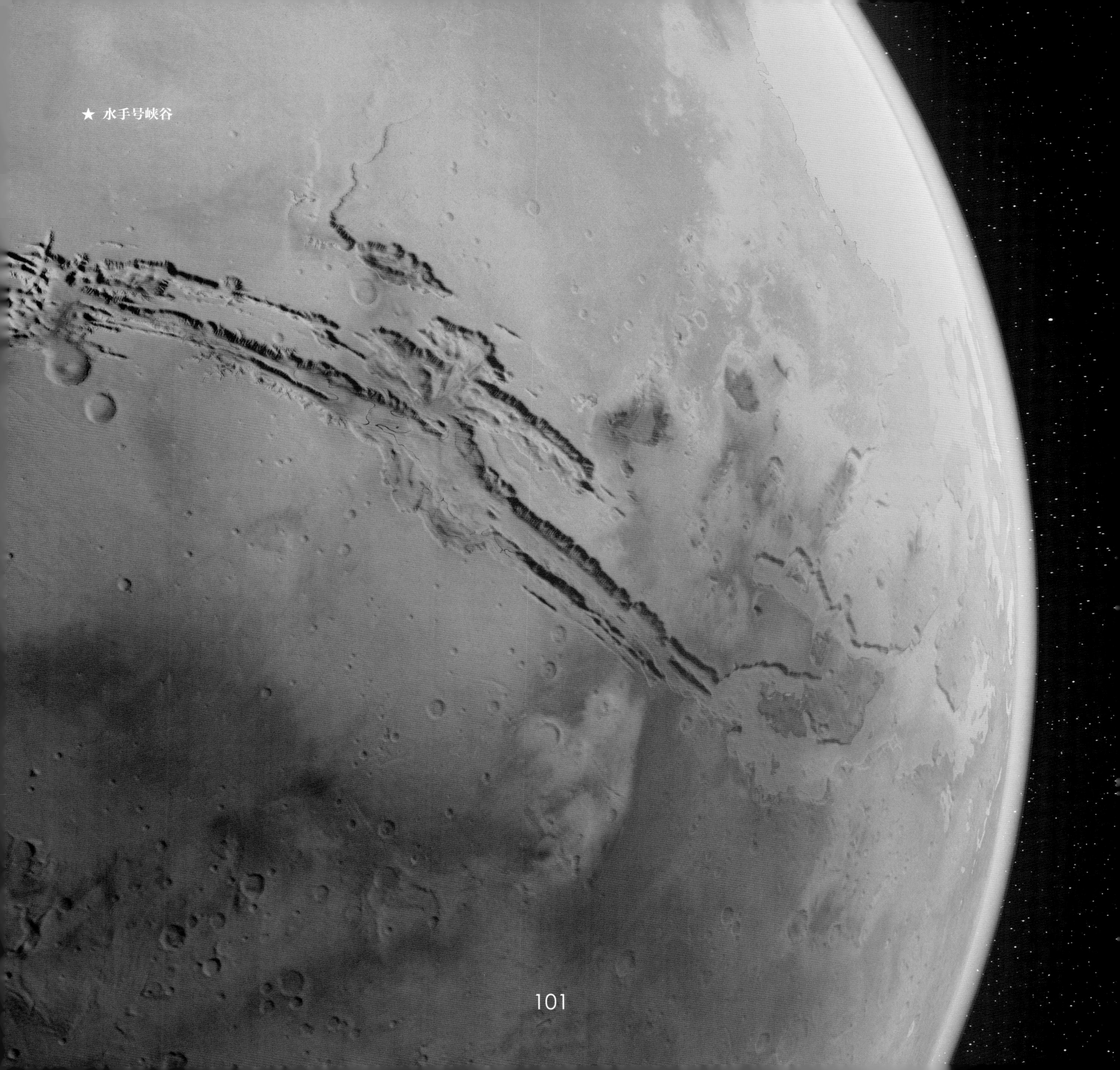

★ 水手号峡谷

★ 火星与火卫一、火卫二

小行星带

小行星是太阳系中的重要天体。迄今为止，人类已经在太阳系内发现了 76 万多颗小行星，其中约 98.5% 的小行星集中分布在火星和木星轨道之间的区域，这个区域因此被称为小行星带。

小行星带中的大多数小行星主要由岩石和石头构成，其中一小部分含有铁和镍金属。剩下的小行星是由这些物质和富含碳的物质混合而成。一些较远的小行星通常含有更多的冰，并且有证据表明一些小行星含有水。

小行星之间经常发生碰撞，较小的小行星可能是在撞击过程中分离出来的一部分，因此，在已发现的小行星中，小型的小行星数量远远多于大型小行星。在地球演化史上，有一些小行星也与地球发生过碰撞。

灶神星是小行星带中质量最大的小行星，也是从地球上可以看见的最亮的小行星。大约 1 亿年前，灶神星曾经被撞击，这次撞击产生了许多碎片，并且在其表面留下了巨大的撞击坑。

★ 小行星带和木星

★ 小行星碰撞

★ 小行星撞地球

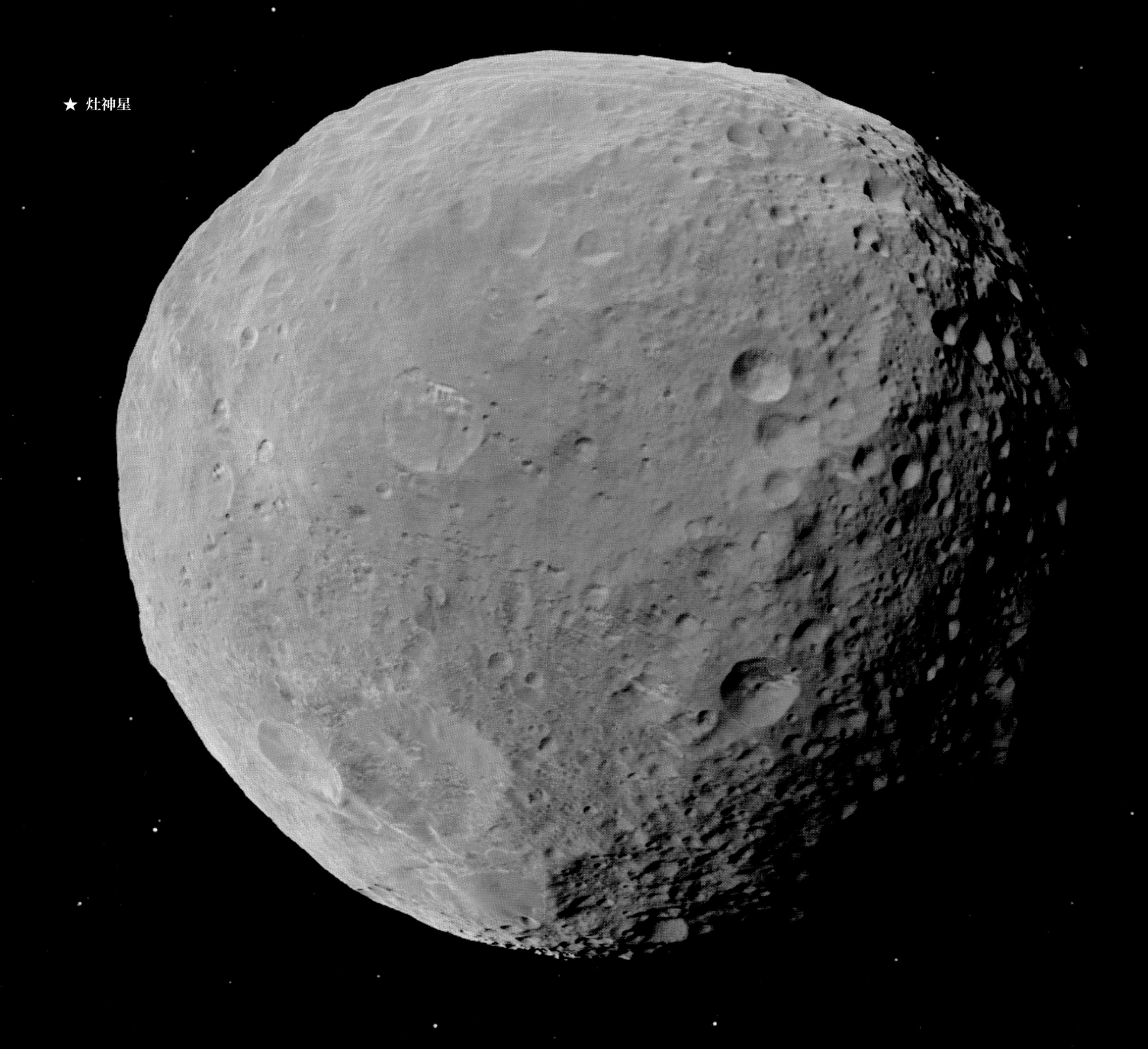
★ 灶神星

木星

木星是太阳系中由内向外数的第五颗行星，也是太阳系八大行星中体积最大、自转速度最快的行星。

木星是一个气态巨行星，主要成分是氢。它没有实体表面，外部由寒冷的气体组成，越接近内核则温度越高，气体在内部被压缩成液体，内核可能为石质，据推测，其内核可能含有硅酸盐和铁等物质。此外，木星的磁场非常强大，强度是地球的 20~40 倍，这使得木星极区产生的极光也比地球强上百倍。

木星表面有缤纷的彩色条纹，这是木星大气层中气体化合物凝结和木星自转共同作用的结果。木星大气中气体化合物在不同温度和高度下凝结形成不同类型和颜色的云，并且由于其自转速度极快，各色云层便呈现出一种动态的、波浪般翻腾的景象。

木星表面的大红斑并非为固态物质，而是一团深褐色的激烈上升气流，它是木星上最大的风暴气旋。自 1664 年首次被发现以来，它的颜色、形状发生过改变，但从未消失过。

木星外围被一圈较薄的、黑色的尘埃环绕着，这就是木星环。木星环结构复杂而独特，由亮环、暗环和晕三部分组成，内有大量的尘埃和黑色的碎石。

木星是人类迄今为止发现天然卫星最多的行星，截至 2023 年 2 月，已知的卫星总数达 92 颗。其中，木卫一、木卫二、木卫三、木卫四这四个大型卫星，是由意大利天文学家伽利略于 1610 年 1 月 7 日首次发现，又称“伽利略卫星”。

★ 木星的内部结构

★ 木星极区出现极光

★ 木星表面翻腾的云层

★ 大红斑

★ 木星环

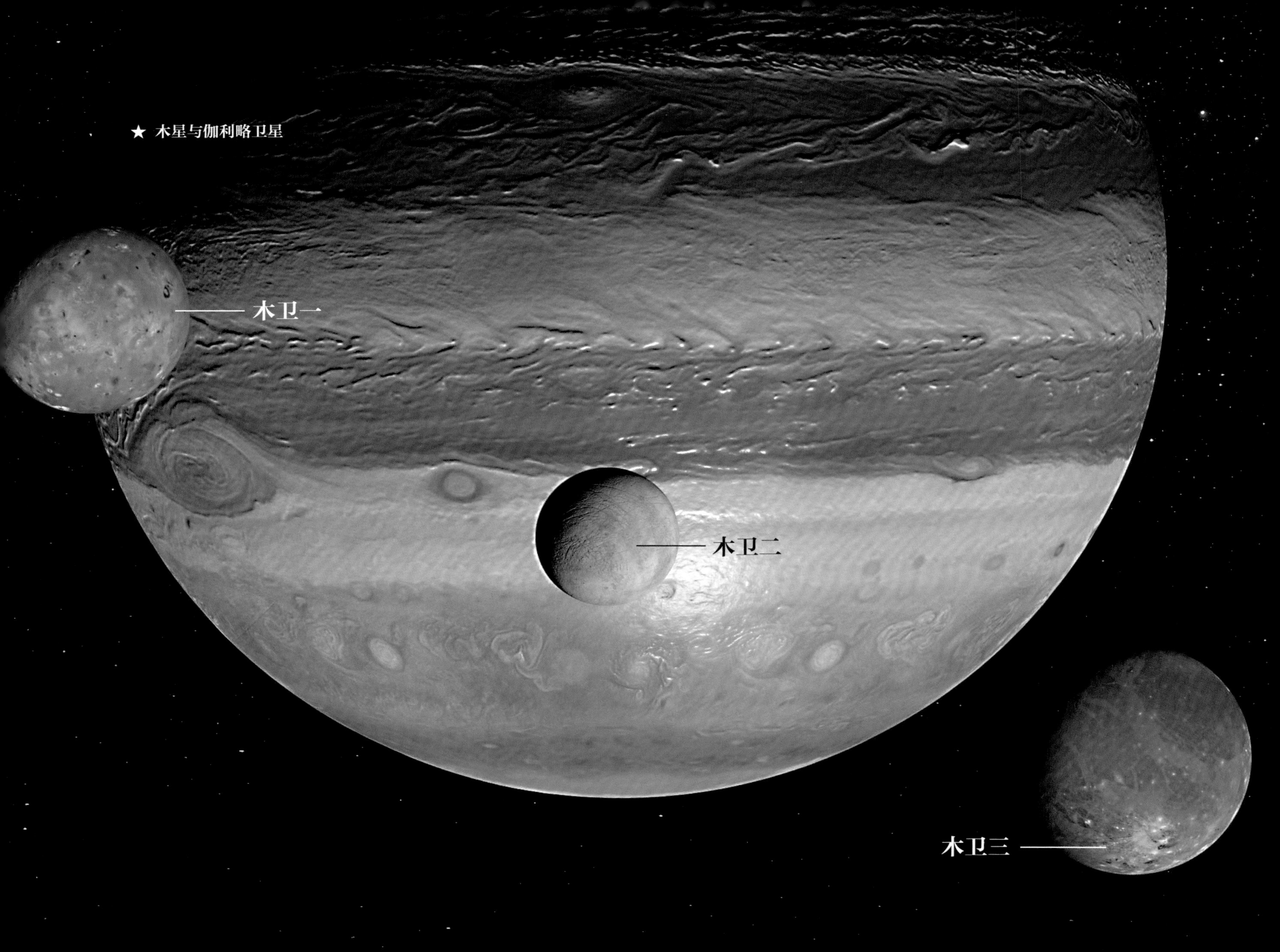
★ 木星与伽利略卫星
木卫一
木卫二
木卫三

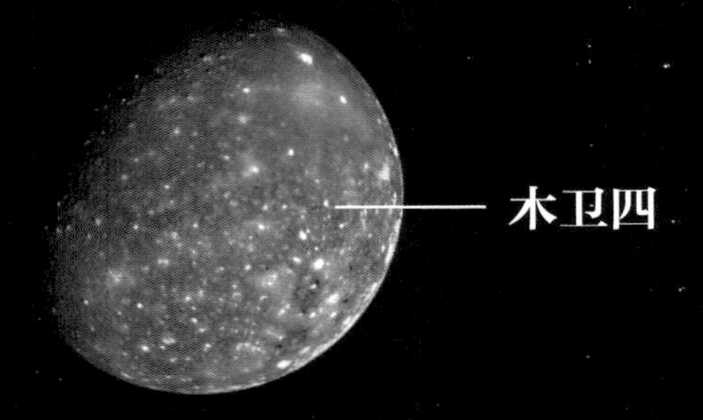
木卫四

土星

土星是太阳系中由内向外数的第六颗行星，也是体积仅次于木星的第二大行星。它拥有非常显著的行星环，使用普通望远镜就可以在地球上看到。土星环有数千个，大小不等，环环相套。土星环由无数颗粒组成，主要组成物质是水冰、尘埃和岩石，它们围绕着土星运转，在太阳光的照射下形成明亮的光环。

土星是一个气态巨行星，虽然体积庞大，但其密度相对较低，如果能找到一个足够大的海洋，它是可以漂浮在水面上的。土星的内部结构与木星相似，有一个被氢和氦包围的小核心。

土星的风速在太阳系中是最快的，最快可达每小时 1800 千米，这种高速气流常引发巨大的风暴。土星风暴所覆盖的面积可达 30 个地球那么大，且持续时间长达数月或数年，甚至是几个世纪。与地球上的风暴不同，土星风暴并不是逐渐衰弱下去的，而是以合并的形式结束。土星的北极有一个持续存在的六角形风暴，以北极点为中心，随着土星的自转而旋转。

此外，土星还拥有一个对称的内在磁场。当太阳风携带的物质穿越土星大气层时，在磁场的作用下，土星的南极和北极地区会出现极光或双极光现象。土星的北极磁场更强一些，因此北极光中明亮椭圆形状内的光线更强烈。

★ 土星

★ 土星环

★ 土星风暴

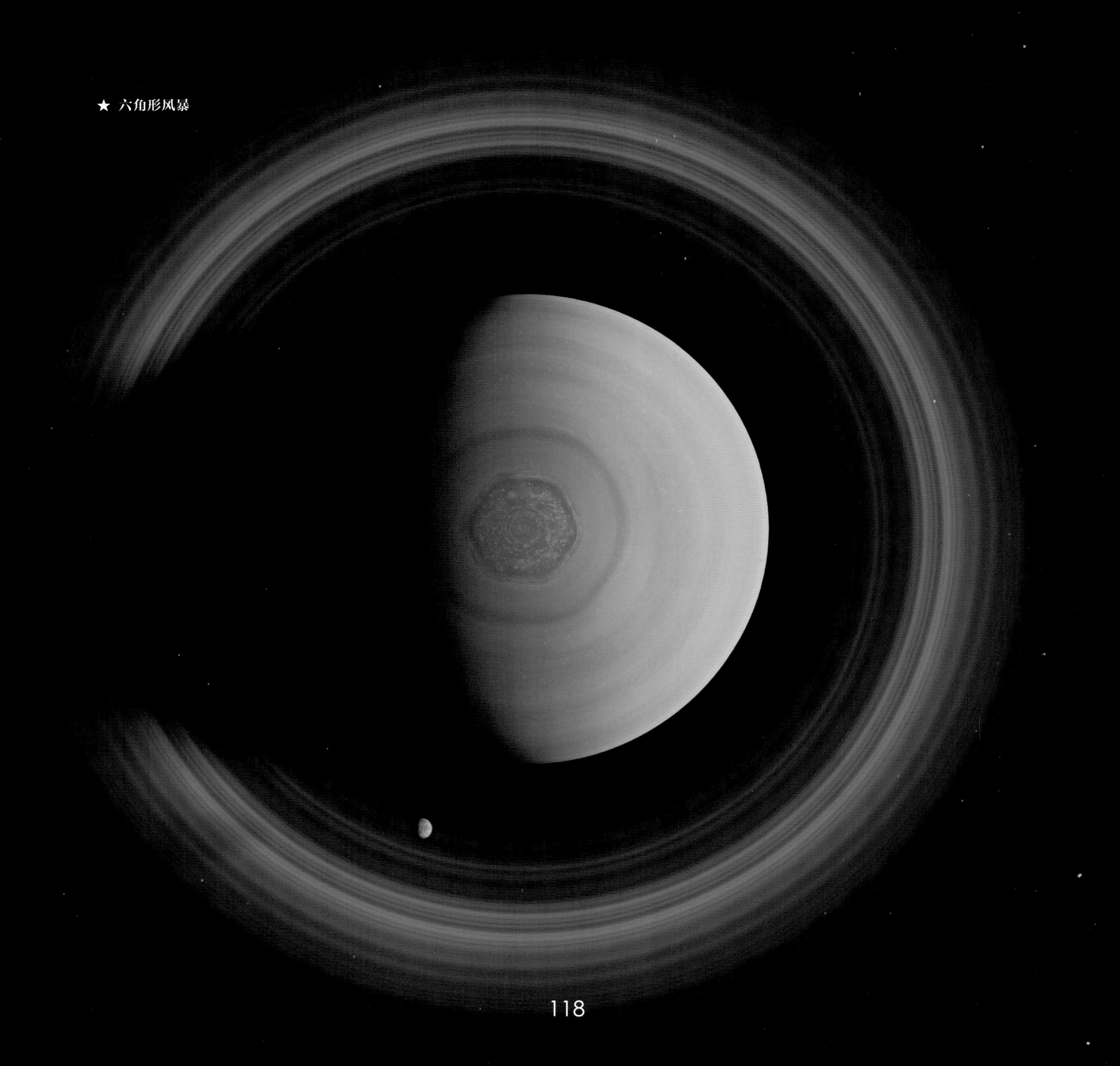
★ 六角形风暴

★ 极光

天王星

天王星是太阳系中由内向外数的第七颗行星，也是太阳系中体积第三大的行星。天王星的表面呈蓝色，这是因为其大气层中的甲烷吸收了大部分红色光谱而反射出蓝色光谱。天王星是太阳系内大气层最冷的行星，由于距离太阳遥远，天王星接收到的太阳光极微弱，因此温度很低，约为 −180℃。

天王星最奇特的特征是自转倾斜度很大。其自转倾斜度高达 98°，赤道几乎与公转轨道垂直。科学家推测，这可能是由很久以前天王星与一个类似行星大小的天体相撞所致。因天王星几乎是横躺着围绕太阳运行的，这使得其两极轮流朝向太阳，每一个极都会经历长达 42 年的极昼和极夜。

天王星与土星一样，也有一个美丽的环。不过与土星环相比，天王星的圆环又暗又薄又窄。其行星环系统包含着 13 个已命名的圆环，环中的黑暗粒状物和冰块可能来自被高速撞击或潮汐力粉碎的卫星。

此外，天王星两个磁极有明显的极光，可随着太阳活动的增强而增强，随着时间的推移而移动。然而，与木星和土星相比，天王星的极光活动并不那么引人注目。

★ 天王星

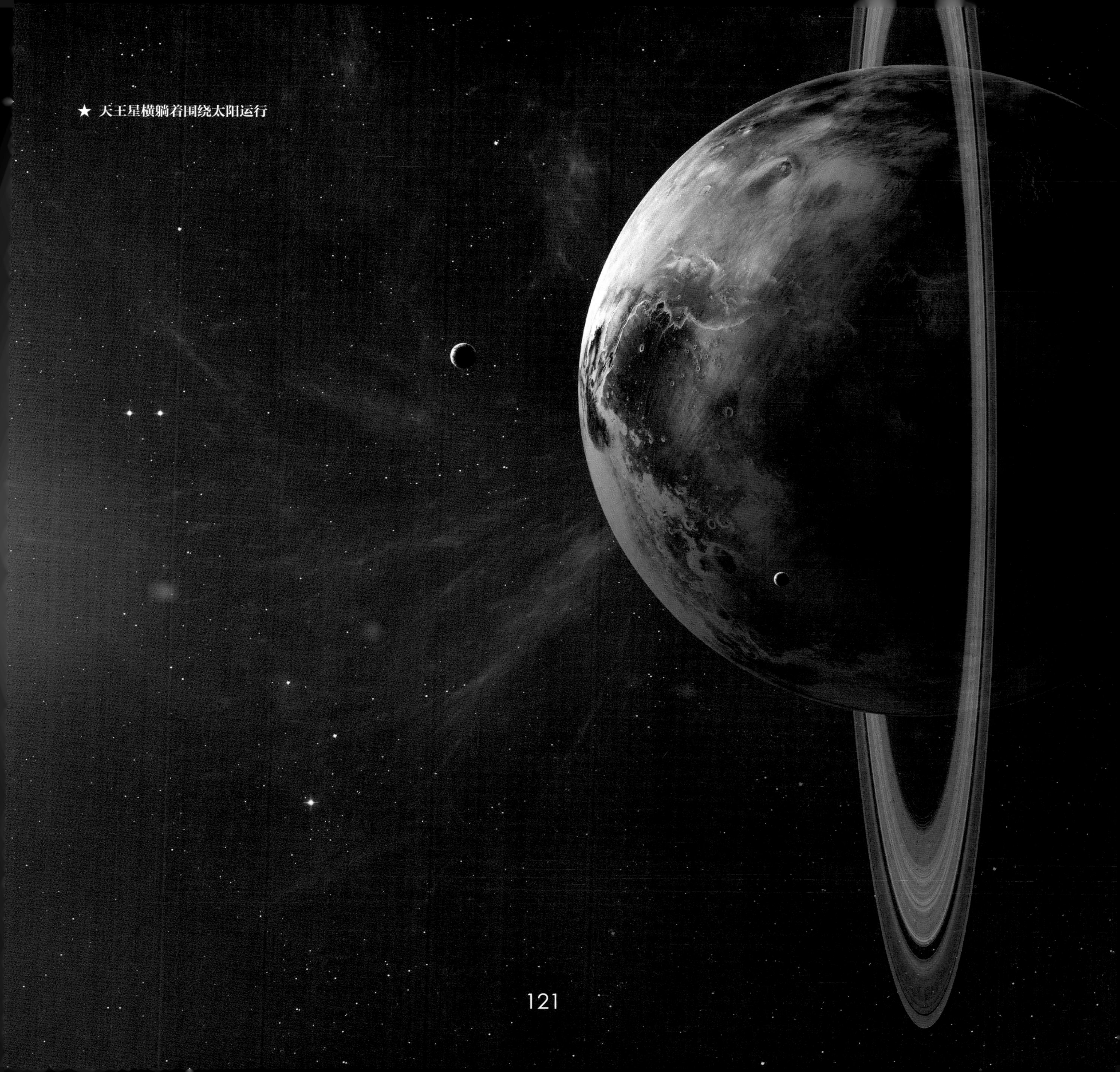

★ 天王星横躺着围绕太阳运行

★ 天王星的行星环

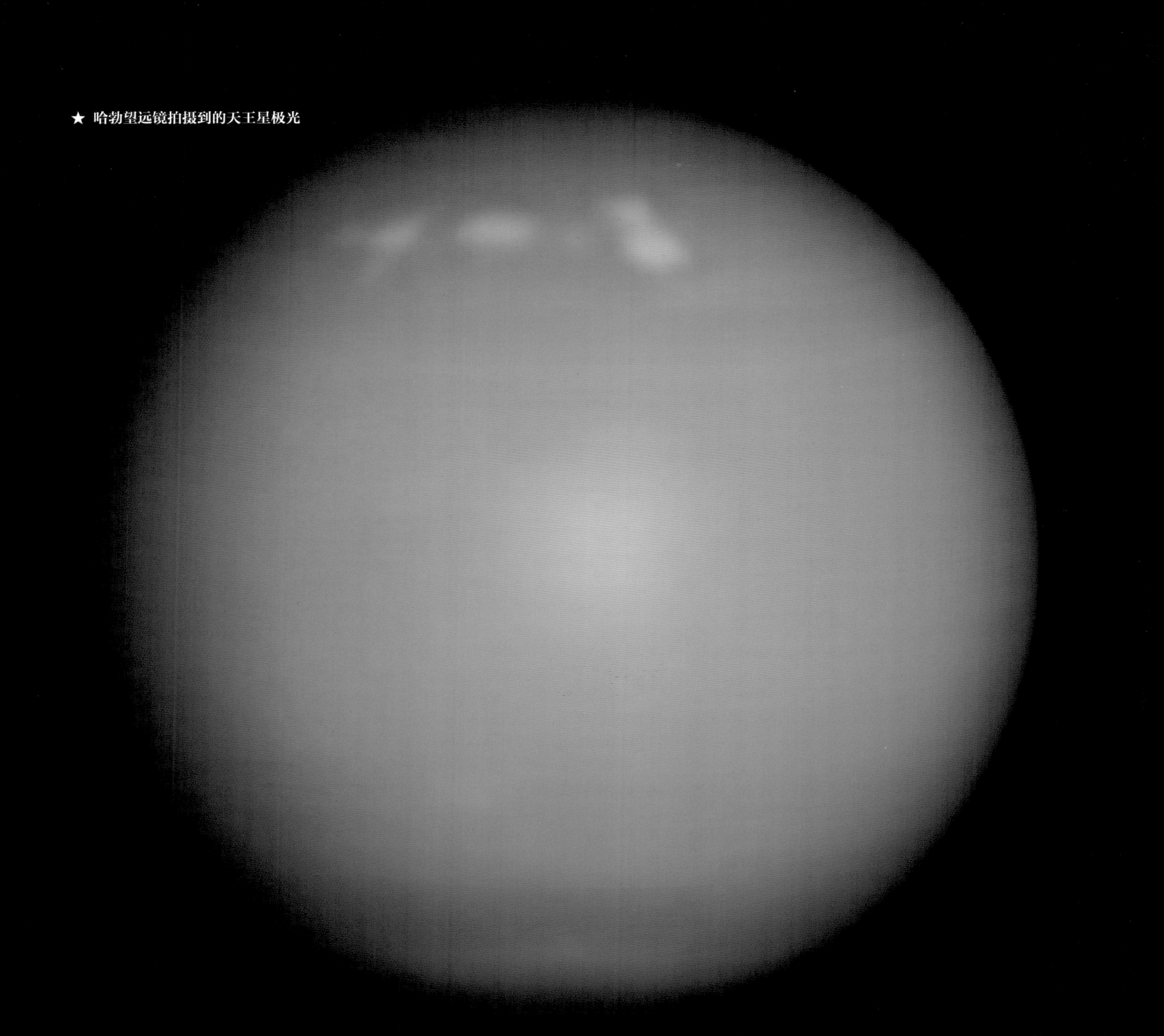

★ 哈勃望远镜拍摄到的天王星极光

海王星

海王星是太阳系中由内向外数的第八颗行星，也是距离太阳最远的行星。它接收到的太阳光和热相较于地球少了约 900 倍，因此亮度很低，通常只有借助天文望远镜才能观测到。因其星体散发淡蓝色光，欧洲人以罗马神话中的海神“尼普顿”为之命名，译为中文即“海王星”。

海王星是一个气态巨行星，其大气层主要由氢、氦、甲烷、氨等气体组成。在阳光的作用下，大气中的甲烷、氨等分子分解并产生复杂的有机化合物，形成云层和降水，使海王星上出现了与地球相似的风暴和旋风等气候现象。

海王星是唯一一个利用数学计算而非有计划地观测发现的行星。我们对海王星的了解，几乎全部来自曾拜访过海王星的旅行者 2 号。1989 年，旅行者 2 号飞越海王星时，在其南纬 22° 的位置发现了一个巨大的暗斑。经过观测，科学家发现这个暗斑是一个内部凹陷的椭圆形区域。

海王星也拥有行星环，但在地球上只能观察到暗淡模糊的圆弧，无法看到完整的光环。与土星环不同的是，海王星的星环很不稳定，有些星环甚至可能在数百年后消失无踪。海王星的星环内部运行着 4 颗小卫星，其中海卫五、海卫六对环中的粒子起着保护作用，使两个环保持一定的形状。

★ 海王星

★ 暗斑

★ 风暴

★ 海王星环

冥王星

冥王星曾被认为是太阳系最远、最小的行星，直到 2006 年才被重新划定为矮行星，它是太阳系中已知体积最大的矮行星。

冥王星主要由岩石和冰构成，其中岩石占据了 2/3。其表面可能覆盖着一些冰冻固体氮以及少量固体甲烷和一氧化碳，是一颗被冰壳包裹的岩石星球。冥王星周围的蓝色环是由冥王星大气中常见的烟雾粒子散射产生的，白色斑点是阳光反射在冥王星光滑的表面形成的。

冥王星的轨道非常独特，其轨道高度倾斜并显著偏离其他行星的轨道平面，是一个被拉伸后变形的偏心圆。由于这样奇特的运行轨道，冥王星有时比海王星还要更接近太阳。

冥王星位于太阳系外围的柯伊伯带中，是被发现的第一颗柯伊伯带天体。2006 年 1 月 19 日，第一艘以探索柯伊伯带为任务的航天器“新视野”号发射升空。2015 年 7 月 14 日，“新视野”号探测器飞掠冥王星，这是人类首颗造访冥王星的探测器。

柯伊伯带是一个天体密集的圆盘状区域。柯伊伯带中的气态或液态物质远离太阳，只接收到了极少的太阳辐射，因而冷凝结成冰。这些冰体聚集在柯伊伯带中，形成了我们现在所观察到的天体密集区域。

★ 冥王星

★ 蓝色环

★ “新视野”号和冥王星

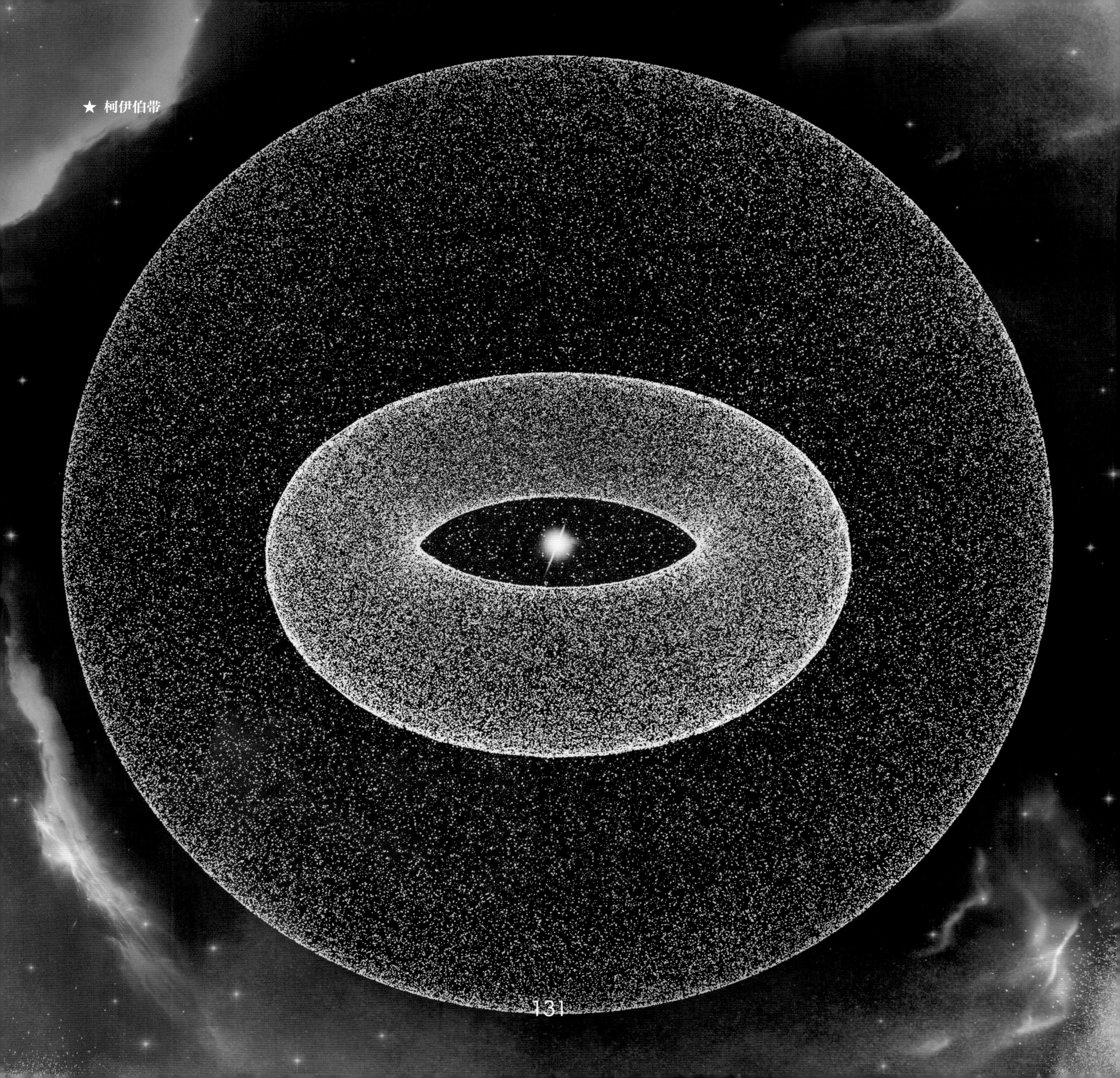
★ 柯伊伯带

矮行星

矮行星是太阳系中的一类特殊行星，它们围绕着太阳运转，体积介于行星和小行星之间。尽管矮行星的质量相对较小，但足以克服固体引力达到流体静力平衡（近于圆球）形状。

矮行星的地幔和表面主要由冰冻的水、气体元素（或重元素）组成的低熔点化合物组成，内部可能有一个岩石质核心。这一特殊结构源于太阳的温度不足以驱散低熔点物质，同时星体本身也无法将轻元素气体束缚住，因此较轻的物质浮于较重的岩石质物质表面，并在星体逐渐冷却的过程中在表面凝固下来。

与太阳系中的其他八大行星不同，矮行星通常不是规则的圆形，而是偏心率较大的椭圆形。截至目前，被国际天文学联合会（IAU）正式确认并命名的矮行星有五颗：谷神星、阋神星、鸟神星、妊神星和冥王星。

至于卡戎星，它一直被认为是冥王星的卫星（即“冥卫一”）。冥王星与卡戎星每隔 6.387 天相互绕转一圈，可被视为双星系统。

★ 谷神星

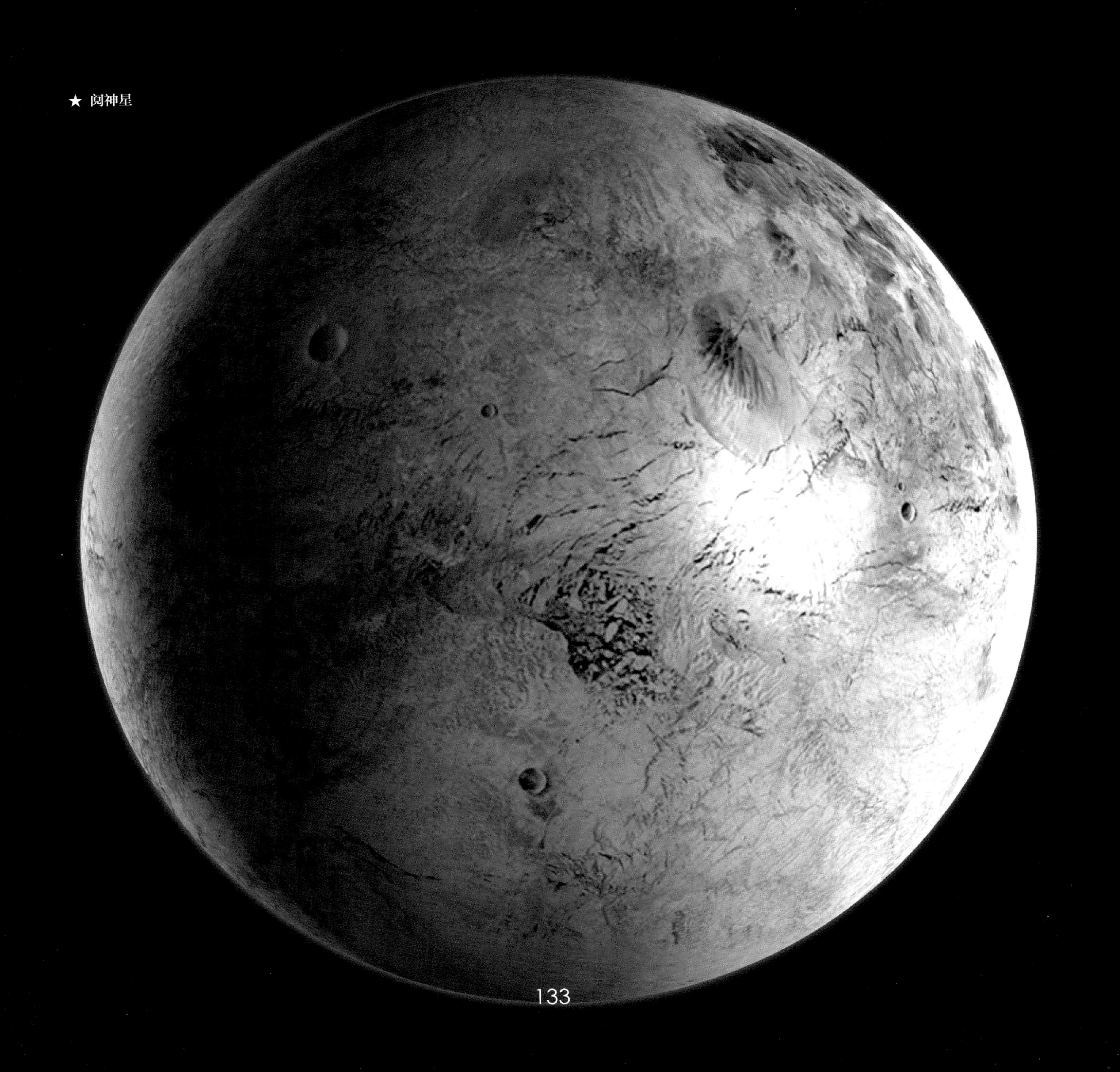
★ 阋神星

★ 鸟神星

★ 妊神星

★ 冥王星

★ 双矮行星系统

彗星

在寂静的夜空中，有时会出现一个拥有尾巴的奇特天体，那就是彗星。彗星的结构由三部分组成：彗核、彗发和彗尾。彗尾是彗星最奇特的地方，它的长度可达几千万千米，最长可达几亿千米。因整体形状酷似扫帚，所以彗星又被人们称为“扫帚星”。

当彗星逐渐接近太阳时，其表面的冰冻物质会从固态升华为气态。这些气体与尘埃粒子混合在一起，形成彗发。当太阳风与彗发中的气体和尘埃粒子相互作用用时，会将这些物质推离太阳。这些被推离的物质在背向太阳的方向上被拉长，形成彗尾。彗星越接近太阳，彗尾就会越长、越壮观。

彗核的表面是由凝结成冰的水加上干冰、尘埃、氨和尘埃混杂而成，宛如一个巨大的“脏雪球”。这种特殊的结构使得彗星的表面并不稳固，有时会分裂成一个个小块。

彗尾根据形状和受太阳斥力的大小，可分为气体彗尾和尘埃彗尾两大类。其中，气体彗尾是被太阳风的荷电粒子推动而成的，呈蓝色，是笔直的，长度可达到 1 亿千米甚至更长；尘埃彗尾是由太阳辐射的斥力产生的，呈黄色，形状略弯曲，又短又粗。

★ 哈雷彗星

★ 海尔波普彗星

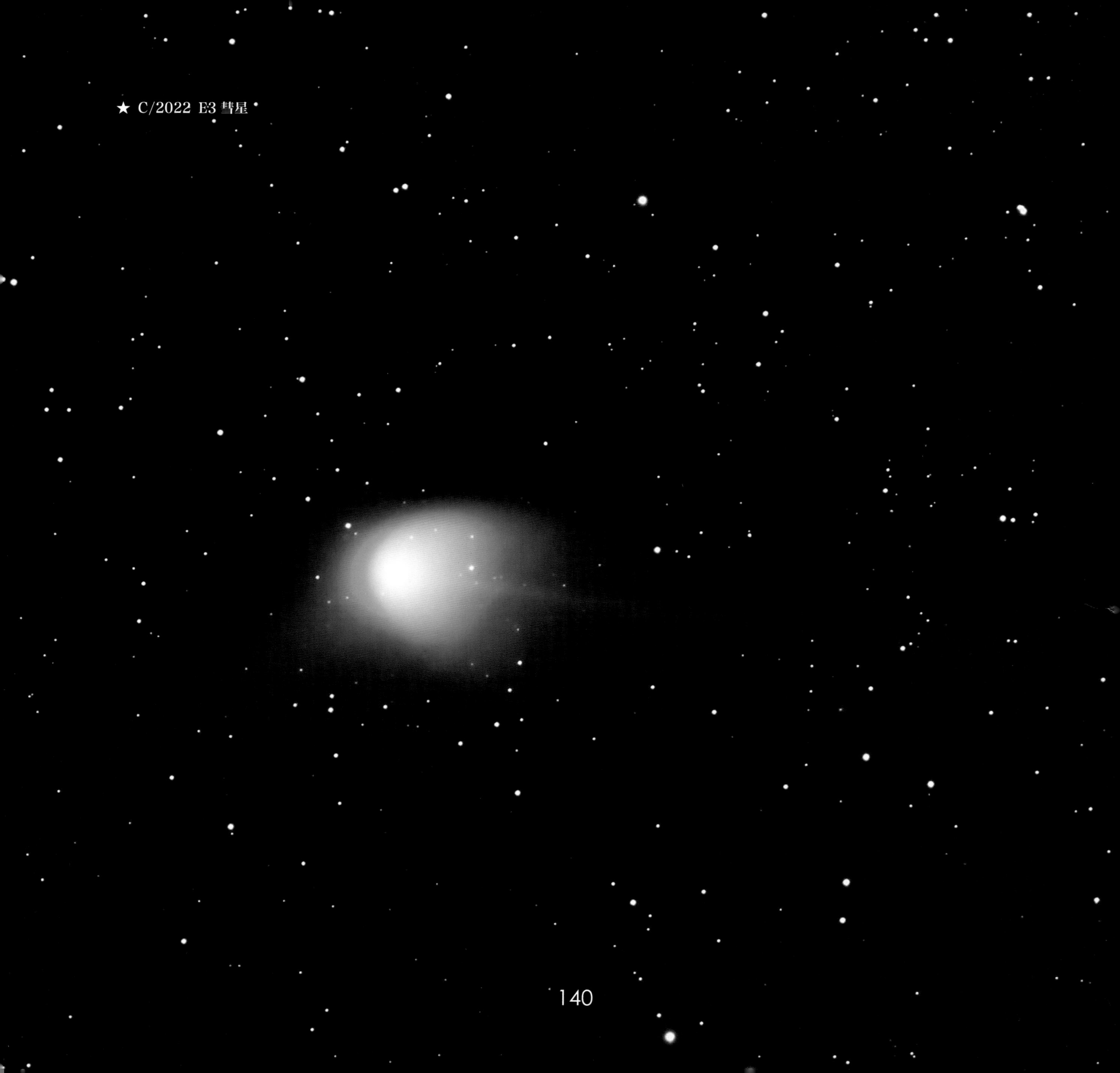

★ C/2022 E3 彗星

★ 彗核

★ 气体彗尾

★ 尘埃彗尾

★ 坠落在地球上的彗星